DANIEL JUSTENS

LES MODÈLES MATHÉMATIQUES DE

MIDAM

DUPUIS

Sommaire

Modèles Mathé-Matiques de Midam

Une introduction bien nécessaire en guise de justification

Bienvenue dans le monde extravagant de Michel Ledent dit « Midam ». Depuis trente ans, ses petits personnages peuplent la planète BD en y occupant une place particulièrement originale. L'auteur leur a ménagé un univers bien à eux, à mi-chemin entre fantasmes et réalités informatiques, entre passion des jeux vidéo et cauchemars issus de leurs réalisations les plus délirantes.

Grâce à lui, nous entrons dans l'intimité d'une famille comme il y en a de plus en plus, composée (à moins qu'elle ne soit recomposée ?) d'un père, Monsieur Paddle, et de ses deux enfants de genres opposés, Kid et Carole, aussi différents que possible l'un de l'autre, mais contraints de se côtoyer dans un quotidien pas toujours rose.

C'est un univers familial sans maman dans lequel toute la féminité va se concentrer sur la tête de la petite Carole, simultanément sœur et véritable souffre-douleur de son terrible frère, ce qui va la conduire à développer son besoin de douceur, de rose et de tendresse parfois jusqu'à l'écœurement. Jusqu'à ce que le réel du quotidien de la petite famille en devienne parfois insupportable. À moins bien sûr que la jeune sœur ne soit présente dans la série que pour amplifier et exacerber les différences entre son univers et celui de son frère que la nécessité de l'évasion à tout prix entraîne irrémédiablement sur des chemins complexes qui oscillent systématiquement entre cauchemars et fantasmes inaboutis.

Pour le gamin, le « Kid », souvent perdu dans ses rêves et son imaginaire délirants, rappelant parfois celui immortalisé par Charlie Chaplin, ce refus de la réalité va se traduire par une passion démesurée pour l'univers formaté des jeux et par un besoin de violence virtuelle. Mais nous verrons dans la suite ce qu'il faut en penser et ce que sont ses aspirations véritables.

Heureusement pour lui, le petit Kid n'est pas seul : il partage ses passions ardentes avec deux copains aussi différents que possible, qui sont de vrais amis, sincères et unis dans le même goût informatico-ludique. En y regardant de plus près, les deux gaillards représentent précisément les deux « types » intellectuels les plus opposés qu'il soit possible de trouver, chacun à la limite de la caricature. Tous deux arborent d'énormes lunettes, mais le premier, répondant au doux surnom de Big Bang, se révèle souvent véritablement génial alors que le second, Horace, adopte la plupart du temps une attitude naïve jusqu'à l'excès.

On peut souligner d'emblée toute la signification du choix du surnom du petit génie (à très très grosses lunettes). Il correspond à la désignation du modèle cosmologique le plus populaire aujourd'hui parmi les savants et sans doute aussi le plus (mal) connu du grand public : celui de la naissance de l'univers présenté souvent sous la forme d'une gigantesque et créatrice explosion. En réalité, les modèles relevant de cette hypothèse de départ sont beaucoup plus complexes, et l'interprétation qui en est donnée, trop imagée peut-être, ne reflète que fort peu le contenu du modèle. Néanmoins, le choix du surnom du petit génie en herbe est très loin d'être neutre. Nous verrons en quoi dans la suite, en nous intéressant notamment aux aspects prédictifs ou « prolongeables » d'un modèle. Les allusions cosmologiques ne sont d'ailleurs pas rares dans l'univers midamien.

Mais on peut également s'intéresser au choix bien particulier du patronyme du héros principal lui-même, dont la signification est multiple. Le sens le plus courant du nom *paddle* est celui de pagaie (voir les dictionnaires Harrap's et Collins pour tout ce qui suit). Mais ce sens a glissé progressivement pour devenir également synonyme de palette de ping-pong, de nageoire, de roue à aube et ce n'est pas tout. La lenteur du mode de déplacement à la pagaie, c'est-à-dire à allure douce et modérée, a donné au terme le sens de promenade, de marche lente, bref de flânerie. Voilà qui va bien à la démarche de notre petit héros.

Passons au(x) verbe(s). *To paddle* signifie bien évidemment pagayer mais également « conduire sa barque » au sens figuré, et donc « se débrouiller ». Voilà qui sied une fois encore au petit Kid contraint bien souvent, en l'absence d'une mère et même si son père est bien présent, à la débrouille ! En américain (dont chacun connaît les subtiles nuances relativement à l'anglais), *to paddle* signifie aussi donner la fessée, une activité aujourd'hui interdite avec raison (le monde du Kid est d'ailleurs un monde dans lequel la violence est strictement virtuelle). Enfin, signalons qu'en argot londonien, le *paddler* n'est pas seulement un pagayeur mais aussi un agent de police, un « flic » donc, un garant de l'ordre. Ce n'est pas tout : le pluriel *paddles* désigne également les pieds, équivalent britannique de nos « petons », « nougats » et autres « ripatons ». Que de richesses contenues dans un seul patronyme !

L'entourage du Kid va se compléter progressivement, au fil des pages. On va ainsi découvrir Monsieur Mirador, patron ou gérant du Luna-park favori de nos héros, parfois accompagné de son terrible chien Radar, et un guichetier de ciné, anonyme mais d'une perspicacité hors du commun, déjouant toutes les ruses de nos gaillards avides de films d'horreur ou d'épouvante, hélas ! interdits aux moins de 18 ans. D'autres personnages, comme Max, une amie gothique de notre héros (qui aime les maths !), ou encore Joystick Billy (propriétaire ou gérant de la boutique Planète Zombie, dont Kid est client régulier), vont aussi apparaître au fil des planches. Kid Paddle est également un écolier. Et nous ferons connaissance avec ses deux profs, le rétrograde Augustin Glossaire, antithèse de son jeune collègue Benjamin Benjamin, adepte quant à lui des méthodes pédagogiques les plus innovantes.

Petite anecdote à propos des patronymes de nos différents héros : Midam lui-même m'a précisé que « le paddle était à l'époque le nom donné à la manette de jeu sur les consoles Nintendo et Sega. J'avais hésité sur Kid Joystick. Il s'agit d'une manette plate avec quelques boutons et une croix directionnelle ». On peut remarquer que cette dernière locution a fini par servir.

La transposition dessinée d'une presque réalité s'est vite révélée insuffisante pour Midam. Et l'auteur a progressivement éprouvé le besoin de réifier l'univers virtuel dans lequel s'enfonce le petit Kid. Aux côtés de la série *Kid Paddle* est apparu depuis 2004 un véritable spin-off narrant les brèves mésaventures du double virtuel du Kid : le Petit Barbare. Cette série, *Game Over*, établissant dès son titre la fin inéluctable (et généralement tragique) du jeu, est particulièrement riche en non-dit conceptuel. La première édition du volume 1 de la série indiquait qu'il s'agissait de « La BD préférée de Kid Paddle ». Le tome 5 précisait sous la forme d'un petit macaron qu'il concernait « L'avatar de Kid Paddle ». Là encore, le choix sémantique est loin d'être l'effet du hasard. L'avatar, terme dérivé du sanskrit, peut se traduire par « incarnation divine ». Dans la religion hindouiste, il désigne une incarnation, une représentation d'un dieu descendu sur terre pour sauver le monde du désordre. Dans son acception actuelle, le terme avatar recouvre les diverses formes que peut prendre une personne ou une chose.

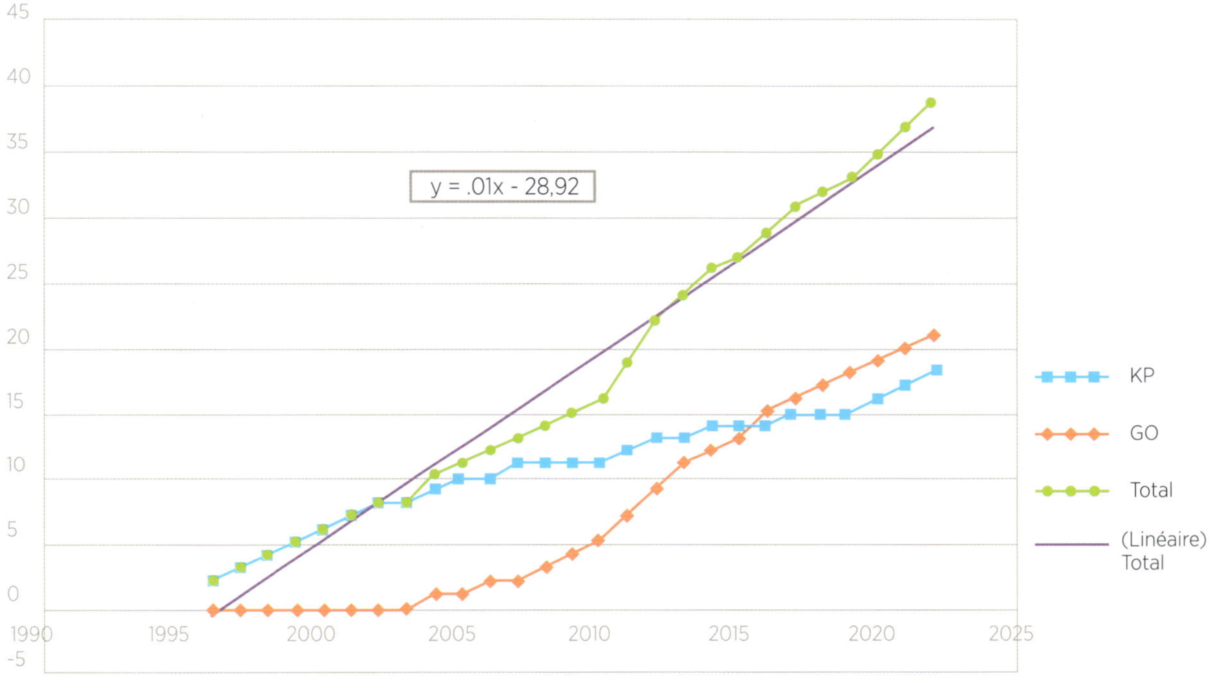

On ne peut s'empêcher de constater que la série *Game Over* a pris au fil du temps de plus en plus d'importance dans la production midamienne. Le petit graphique ci-dessus rend compte de cette évolution. On observe que cette série dérivée (courbe GO en orange) compte aujourd'hui plus de titres que la série originelle (courbe KP en bleu). La tendance de la production cumulée (courbe en vert) est relativement linéaire, comprenant en moyenne un peu moins d'un album et demi par an. Le graphique reprend les acronymes évidents de KP pour *Kid Paddle* et de GO pour *Game Over*.

Dans la suite, nous utiliserons toujours ces notations pour référencer les différentes planches, illustrées ou non dans ce livre, qui appuieront notre propos. Ainsi, nous convenons de la notation à trois niveaux KP.01.03 pour désigner la planche 3 du volume 1 de *Kid Paddle* et GO.11.25 pour faire allusion à la planche 25 du tome 11 de *Game Over*. Voilà qui permettra au fan des deux séries de retrouver les dessins de Midam qui ne peuvent figurer ici faute de place (à cette heure, il y a en effet dans le canon plus de 250 planches qui offrent des allusions relatives à la modélisation et/ou aux mathématiques : de quoi faire facilement quatre ou cinq bests of).

C'est donc un monde étrange que nous allons explorer tout au long de cet ouvrage, en l'éclairant de manière surprenante, et peut-être pour certains inattendue, par les mathématiques et ses différentes applications, notamment en physique, ou pour être plus précis, sous la lumière aveuglante de la modélisation.

Dans ce contexte, on peut très légitimement se poser la question : qui du Petit Barbare ou de Kid a servi de « modèle » à l'autre ? Graphiquement en tout cas, la question mérite d'être posée, comme le montre l'illustration figurant en page de garde du volume 5 de Game Over (GO.05.01), formée de la moitié gauche du Petit Barbare et de la moitié droite du Kid. Car, si la série GO est apparue plusieurs années après celle originale du Kid, cette dernière a toujours fait la part belle aux aventures du double virtuel. Le graphique ci-contre illustre pertinemment ces intrusions répétées. En abscisse, on retrouve les différents tomes de la série KP, en ordonnée, le nombre de planches introduisant le Petit Barbare. Comme on peut le constater, la tendance est à la hausse.

Reste à poser la question essentielle : en quoi le monde onirique du petit Kid et de son double est-il plus ou moins connecté aux sciences, voire même aux mathématiques ? Dans les faits, il y a plus qu'un simple lien entre les deux entités virtuelles. Elles sont non seulement d'intersection non vide mais se recouvrent d'une façon inattendue à première lecture. Plusieurs planches font très ouvertement référence à la science abstraite. Beaucoup d'autres procèdent de façon plus subtile mais non moins intéressante. C'est ce que nous allons nous attacher à démontrer.

La bulle familiale du Kid est sans maman, sans femme en fait, la petite Carole n'étant encore qu'une enfant. Des personnages féminins s'introduiront toutefois occasionnellement dans la série. Le monde du Petit Barbare fera quant à lui intervenir progressivement le personnage d'une princesse (toute de rose vêtue) qu'il importera souvent de tenter (en vain évidemment) de faire sortir du monde violent de la réalité virtuelle des jeux vidéo. Le graphisme adopté pour la Princesse est relativement peu séduisant, encore qu'à quelques reprises dans la série, des potions magiques faisant effet, cette dernière puisse se transformer en pin-up des plus sexy (Voir notamment les planches 18 et 19 du tome 11 de Kid, *Le retour de la momie qui pue qui tue*). Ce personnage évoluera progressivement en championne d'un certain féminisme bien nécessaire dans ce monde d'hommes...

Pour arriver à établir la connexion entre le monde de Kid Paddle et l'univers des mathématiques et des modèles, de petits efforts sont nécessaires. Mais que le lecteur non-matheux se rassure : il n'y aura (presque) pas d'équations complexes ou de formalisme outrageant dans les pages qui suivent. Par contre, il sera utile de s'interroger sur la nature profonde des mathématiques. Que sont-elles ? Pourquoi sont-elles si fondamentalement humaines ? À quoi nous servent-elles ? Comment et par quels biais sont-elles devenues à ce point indispensables dans notre univers ? Qu'appelle-t-on « comprendre un phénomène » ? Quelle est la nature d'un « modèle » ? Que nous apporte-t-il ? Et finalement : pouvons-nous nous en passer ?

C'est à ces questions que nous allons répondre en utilisant le médium des créations de papier de Michel Ledent. Nous avons affirmé plus haut que les strips de Midam seraient examinés à la lumière des maths et des modèles. Il aurait été plus judicieux d'inverser la proposition et d'affirmer que c'est l'observation attentive des petites cases pleines de couleurs coulant de son pinceau qui pourrait, à y bien regarder, donner plus de lumière à la galaxie des théories mathématiques et à la procédure de la modélisation.

L'univers du Kid n'est violent que dans le monde virtuel. Ce point est important car, dans la vraie vie, le gamin est respectueux du bien-être du vivant sous toutes ses formes. Cela montre également que pour notre petit gaillard, la frontière entre le réel et le virtuel est bien visible. Il sait fort bien que les manettes de ses jeux n'infligent aucune souffrance à personne. Pour lui, la violence ne sort pas du cadre de ses jeux. La preuve nous en est donnée dans l'anecdote contée aux pages 36 et 37 de l'album *Alien chantilly* (KP.05.36 et 37).

On a affaire là à deux des rares planches s'ancrant totalement dans la réalité. On y découvre en effet papa Paddle en train de pêcher aux côtés de son fils. Dès la seconde case, le gamin s'inquiète quant au sort de l'appât utilisé en demandant : « Et le ver que tu as accroché à l'hameçon, il était vivant ? »

La réponse de son paternel semble le rassurer (« Il ne sent rien du tout »), mais dès qu'un poisson mord à l'hameçon, Kid revient à nouveau à la charge en demandant une fois encore : « Qu'est-ce qu'on va faire du poisson ? Il ne sent rien ? » Les réponses du père sont intéressantes. Il commence par affirmer sans y penser réellement : « Si, il sent le poisson. » Mais corrige aussitôt ses propos en ajoutant : « Non, Non ! C'est indolore ». On remarque aussi la différence de taille de caractère des deux affirmations, traduisant l'embarras du paternel.

S'il est destiné à être mangé, le poisson doit être tué. Papa Paddle veut donc s'y employer mais, maladresse ou acte manqué, le poisson lui glisse des mains, retrouvant l'eau de la rivière. Le soulagement de Kid est évident.

Et il est clair que si son père avait eu le cran de trucider le poisson, le gamin aurait été terriblement déçu. Le paternel finit par confier à son fils « qu'il n'a jamais aimé la pêche ».

Le lecteur s'interrogera peut-être sur la fonction de ce livre. Pour en comprendre la motivation, il faut savoir que l'auteur de cet ouvrage, qui parlera à la première personne dans la suite, a professé certains pans bien particuliers (et pointus) des mathématiques pendant quarante ans à presque tous les niveaux d'enseignement, et a consacré une grande partie de sa carrière et de sa production à de nombreuses tentatives de vulgarisation de cette science si souvent honnie. Cet ouvrage est un nouvel essai en ce sens. Le recours à la bande dessinée est un médium qui pourra, « je » l'espère, en séduire plus d'un.

En route donc pour l'univers riche en contenu mathématique de Midam ! Car les points communs entre le monde des sciences et l'imaginaire de Michel Ledent sont plus nombreux qu'on pourrait le penser. On va y retrouver la même rigueur dans la construction des gags que dans celle de l'élaboration des axiomatiques. Et cela n'a rien d'étonnant. Pour être crédible et intéressant, un univers virtuel doit rester cohérent.

BEN, ON VA LE MANGER CE SOIR !
IL FAUT D'ABORD DÉLICATEMENT ENLEVER L'HAMEÇON AVEC CE PETIT APPAREIL
PAS FACILE, ÇA !
GLRB
GARGL GL
ET IL NE SENT RIEN ?
SI, IL SENT LE POISSON. HA ! HA !
NON, NON ! C'EST INDOLORE...
IL VIT TOUJOURS, LÀ ?
MMH.. OUI. ON NE PEUT PAS LE LAISSER COMME ÇA !
IL FAUT LUI DONNER LE COUP DE GRÂCE...
RETOURNE-TOI, ÇA RISQUE D'ÊTRE VIOLENT !
POURQUOI ? QU'EST-CE QUE TU VAS FAIRE ?
JE VAIS LE FRAPPER UN GRAND COUP SUR CE PIQUET !
T'EN FAIS PAS, IL NE SOUFFRIRA RIEN... EUH.. PAS.
GLUB
J'AI HORREUR DE ÇA, MAIS BON...
UN
DEUX
TROIS.. OUPS !
ZLIP
?
PLOUF
HA ! HA ! TU M'AS BIEN EU !
J'AI VRAIMENT CRU QUE TU ALLAIS TUER CE POISSON !
BAH ! DE TOUTE FAÇON, JE N'AI JAMAIS AIMÉ LA PÊCHE...
MOI NON PLUS !
CE SERA UNE PIZZA CE SOIR.
SANS ANCHOIS POUR MOI !
ASSASSIN !
?

Déchiffrer l'arithmétique

Avant d'aborder le fond même du sujet, à savoir la nature profonde des mathématiques, et afin de mieux l'appréhender, il n'est pas inutile de traiter tout d'abord de la partie des mathématiques qui nous concerne tous quotidiennement : l'usage des nombres et les différentes opérations arithmétiques qui les concernent. Bien que le recours aux chiffres soit devenu quasiment automatique chez certains, ils provoquent par contre un véritable rejet pour d'autres. Une précision toutefois, avant de poursuivre. Il ne faut pas confondre nombres et chiffres. Les premiers désignent des quantités, les seconds des symboles. Ainsi le nombre « 12 » s'écrit au moyen des chiffres « 1 » et « 2 ». Remarquons que le chiffre « 1 » qui y apparaît représente en fait le nombre « 10 ». C'est la particularité de la numération de position. Un même chiffre, placé à une autre place, désigne des quantités différentes. Ce système efficace est rendu possible par l'invention géniale du « zéro », qui permet de préciser la position de chaque chiffre. Nous n'allons pas tarder à constater que les nombres occupent une part non négligeable dans l'univers de Midam.

Numération et comptage : pour quel modèle opter ?

Pour la plupart des non-mathématiciens, les mathématiques se confondent avec une certaine forme particulièrement adroite de comptabilité. Les "matheux" seraient des individus étranges, à même d'effectuer rapidement des suites d'opérations, d'additions ou de multiplications. Certes, les nombres et les opérations courantes sur ces nombres font partie de l'arithmétique et s'intègrent donc dans les théories mathématiques. Mais les mathématiciens sont-ils pour autant de bons comptables ? J'en doute fort, si j'en juge par le petit échantillon de professionnels des maths que j'ai fréquentés pendant les quarante ans (et plus) de ma carrière. Et pourtant, les nombres font partie des maths. Il convient donc d'aborder le sujet.

Je ne sais pas si beaucoup en sont conscients, mais si nous comptons en base 10, utilisant ce que l'on nomme le système décimal, c'est tout simplement parce que les hasards de l'évolution nous ont dotés de deux mains comportant chacune 5 doigts. Nos ancêtres ont donc commencé, comme nous dans notre prime enfance, par compter sur leurs doigts. Enfin ces propos doivent être nuancés : certaines civilisations (comme les Gaulois) ont développé un système en base 20, d'autres, comme les Babyloniens, en base 60, d'autres encore, comme les Romains, en base mixte 5 et 10. Ce dernier fut probablement le pire de tous les systèmes de comptage possible. Essayez donc de multiplier 12 par 53 en utilisant uniquement des chiffres romains et en oubliant le système décimal qu'on vous a enseigné à l'école ! Vous verrez ! Et pourtant, l'arithmétique romaine fut utilisée un peu partout en Europe pendant une grande partie du Moyen-Âge.

Écartons aussi provisoirement le cas des Français (héritage Gaulois) qui comptent en base 10 de 1 à 69 et puis en base 20 pour arriver à 100. Cette utilisation partielle du système vicésimal (ou vigésimal) a pour principal effet de perturber les jeunes enfants qui découvrent là une des nombreuses complexités inutiles dont sont jonchées nos années d'apprentissage. Et ce n'est pas tout : même le système décimal n'est pas le plus simple à utiliser, le nombre dix ne comptant que deux diviseurs propres, alors que douze en a quatre ! Ah ! si nous avions 6 doigts à chaque main, comme nous compterions mieux ! Et surtout plus facilement !

Depuis l'entrée en vigueur des systèmes informatisés, les bases 2 (binaire), 8 (octal) ou même 16 (hexadécimal) ont conquis un rôle essentiel dans nos systèmes comptables. Notons que tous ces systèmes ne sont pas nécessairement compris du grand public. Je ne puis m'empêcher de reprendre ici la plaisanterie bien connue des matheux, affirmant qu' : *il y a 10 catégories d'individus : ceux qui connaissent et ont bien compris le système binaire… et les autres !* En base 2 (symbole décimal), le nombre « 2 » (décimal) s'écrit en effet « 10 »…

La base 16 introduit d'ailleurs les symboles A, B, C, D et E pour représenter les nombres notés en base 10 par les symboles 10, 11, 12, 13, 14 et 15. Pas facile pour nous de compter dans cette base… Pour y arriver simplement, on passe généralement par la base 2 en regroupant les groupes de « 0 » et de « 1 » par quatre et en les retranscrivant en leur attribuant leurs valeurs en base 16. Ainsi, en base « 2 », le nombre « 32 » s'écrit

10 0000,

soit 2^5 (base 10), expression dans laquelle l'exposant (à savoir 5) représente le nombre de zéros à droite du « 1 ».

Le premier groupe de quatre caractères en partant de la gauche s'écrit « 2 » en base 16, le second groupe « 0 ». Le nombre « 32 » (en base 10) s'écrit donc « 20 » en base 16. Il est un fait qu'il faut un certain temps d'adaptation pour s'y faire, même pour les plus matheux d'entre nous.

Le petit monde de Kid Paddle serait-il particulièrement adapté aux systèmes informatiques, abandonnant la traditionnelle base 10 ? Ou se contente-t-il de notre système usuel désuet ? La question mérite en effet d'être posée car nos petits

héros sont physiologiquement différents des *homo sapiens* courants que nous sommes : ils sont en effet dotés de mains à 4 doigts comme on peut le constater dans la case représentée ci-contre (KP.01.06). Ont-ils pour autant opté pour le système octal si souvent utilisé dans le cadre informatique ? Certaines cases entretiennent d'ailleurs savamment le suspense en évitant les chiffres 8 et 9 (KP.02.09 et KP.03.28) ! Sans pour cela que nous puissions en soutenir nécessairement la pertinence.

Mais il nous faut hélas ! rapidement déchanter : le monde du Kid est manifestement décimal ainsi que l'attestent les autres exemples qui suivent, le premier intervenant carrément à la page 5 du premier opuscule des aventures du Kid (KP.01.05), dans lequel il administre une cité virtuelle avec toute la morgue d'un potentat, n'hésitant pas à taxer ses malheureux habitants à un taux exorbitant. Le recours répété au chiffre « 9 » ne laisse que peu de doutes quant au système utilisé.

Et pourtant, il nous aurait été possible de douter à plusieurs reprises de la

base du système de numération choisi par l'auteur, si ce dernier ne s'amusait pas à se jouer de nous très régulièrement.

Retrouvons l'ami Paddle en pleine discussion avec son copain Big Bang quant à leurs scores respectifs pour l'un de leurs jeux favoris (KP.09.24). Alors que le Kid annonce un score personnel maximum de 15 000 points, son copain avoue ne pas dépasser les 1 000. Pour consoler son ami de ce résultat peu enthousiasmant, le héros, bon camarade, précise qu'arriver à 1 000 points n'est pas si facile : il faut cumuler 100 points, puis encore 100 points et ainsi de suite. La somme énoncée pour arriver à 1 000 ne comporte toutefois que 8 termes... agrémentés de points de suspension. La base « 10 » demeure donc possible, mais non totalement avouée.

Un dernier exemple clôturera le débat, l'allusion au système décimal étant explicite. Retrouvons le Kid en classe pendant une interro de maths (KP.04.40), séchant sur un problème de calcul. Un code a manifestement été mis au point entre notre héros et son copain le génial Big Bang. Se moucher, tousser, renifler ou éternuer prennent alors un sens et qui plus est dans le cas présent, un sens arithmétique.

Le système semble parfaitement au point... sous réserve bien sûr que le pauvre Big Bang ne soit réellement enrhumé !

La case finale du strip est claire : on y parle explicitement d'unités, de dizaines, de centaines et de milliers.

Examen
BON, TOUT LE MONDE A PRIS L'ÉNONCÉ DU PROBLÈME DE CALCUL ?
TRÈS BIEN, VOUS POUVEZ COMMENCER.
MIAM
KRITCH KRITCH
PÔÔÔÔT
THEU THEU THEU
SNIRFL SNIRFL SNIRFL SNIRFL SNIRFL
MMMM
ATCHAA
...
KRITCH KRITCH
QUOI ?! 135 ? MAIS TU AS FAIT 1135 ! ON N'AVAIT PAS DIT : ÉTERNUER POUR LES MILLIERS ? SE MOUCHER POUR LES CENTAINES ? TOUSSER POUR LES DIZAINES ? RENIFLER POUR LES UNITÉS ?
OUI, MAIS J'AI PAS ÉTERNUÉ EXPRÈS...
J'AI FAIT SIGNE MAIS T'AS PAS VU !
ET POUR FAIRE LA VIRGULE, IL DEVAIT FAIRE UN PP
C'EST VRAI ?

L'ensemble des naturels va se révéler cruel pour le Petit Barbare (GO.10.35). Le voilà une fois encore en présence de Blorks menaçants et d'un pistolet laser aux rayons magiques. Un premier Blork est transformé en une énorme figure prenant la forme d'un « 5 » gigantesque. D'autres Blorks surgissent qui se voient transformés en « 4 », « 3 », « 2 » et « 1 » tout aussi impressionnants et solides, suivant la suite décroissante des nombres dits « naturels ». Reste une pente à gravir pour atteindre la sortie du niveau de jeu. Au sommet du monticule, un dernier Blork monte la garde. Qu'importe, le rayon magique le transforme en « 0 » bien rond, tout aussi gros que ses prédécesseurs, et qui, du fait de sa forme, dévale bien évidemment la pente pour écraser notre héros trop confiant…

Le système de numération étant à présent établi, il nous est possible d'aborder la gamme étendue des jeux mathématiques. Et pour commencer, voici un étonnant jeu vidéo dont on pourrait espérer avec impatience une version numérisée en vente dans tous les magasins spécialisés.

Un jeu vidéo qui devrait diviser les joueurs

Dans le jeu proposé ci-après (KP.04.03) à nos jeunes adeptes, le choix du modèle décimal est cette fois tout-à-fait explicite : les 10 chiffres peuvent être identifiés aux doubles virtuels des joueurs évoluant dans le jeu et les opérations effectuées correspondent aux résultats attendus de nos classiques tables de multiplications. En fait, chacun doit choisir « son » chiffre, qui va agir en tant que nombre sous l'impulsion d'opérations arithmétiques usuelles… dûment sélectionnées par son adversaire.

Chaque joueur, à tour de rôle, peut ainsi transformer son rival en divisant, additionnant, soustrayant ou multipliant les nombres identifiant les deux adversaires. Mais diviser ou soustraire quel nombre de quel autre ? Ces opérations n'étant pas commutatives, pour pouvoir jouer, il faut être plus explicite dans les règles adoptées. Heureusement des exemples sont là qui nous permettent une modélisation rigoureuse. La suite du strip nous impose le formalisme suivant.

Soient a et b les deux nombres représentant les deux joueurs. Si a peut jouer, il peut transformer b en a/b, $a+b$, $a-b$ ou ab. Le second joueur peut alors lui aussi transformer le premier selon les mêmes règles, mais en partant de sa nouvelle valeur numérique.

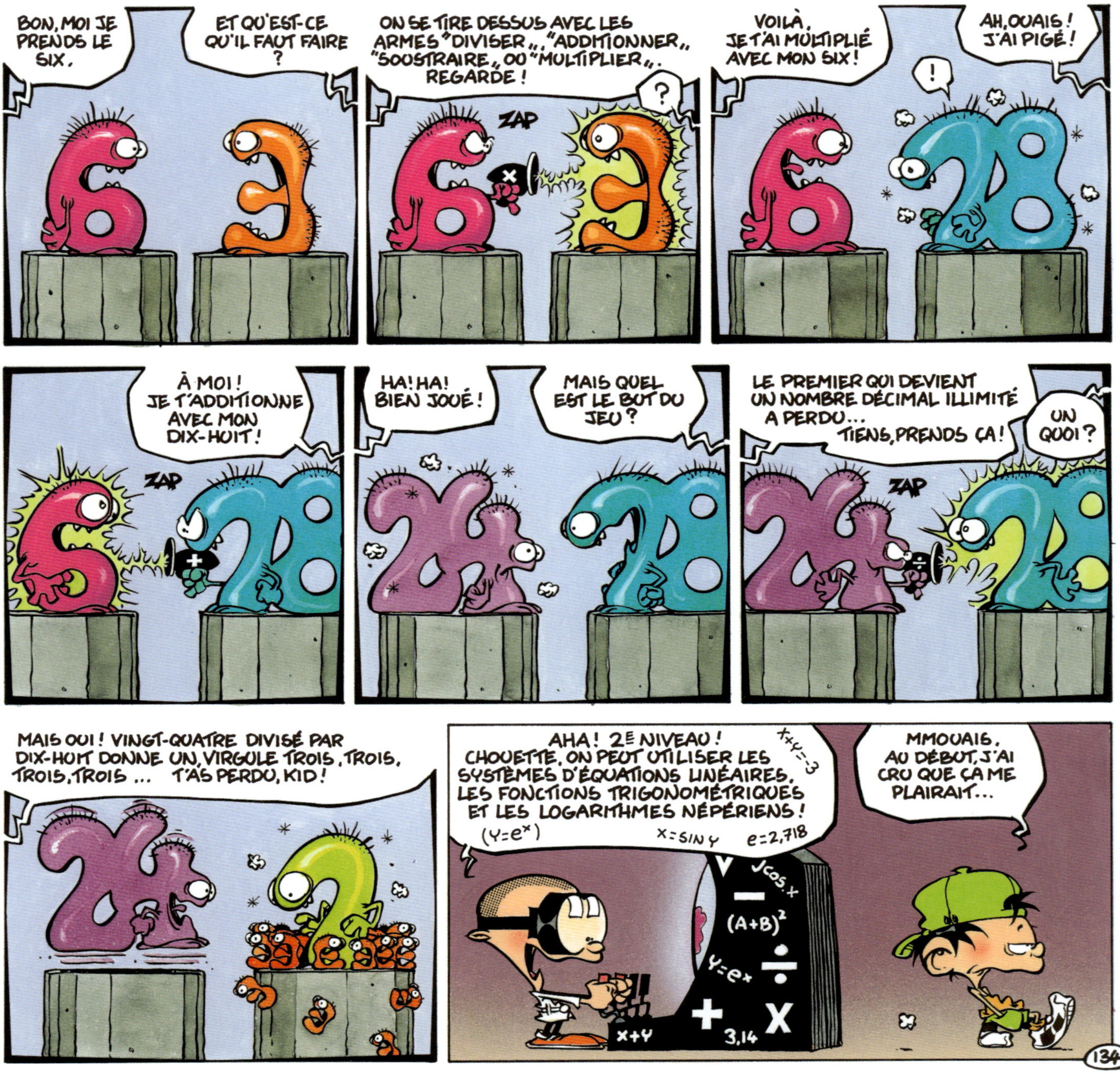

A gagné celui qui transforme l'autre en un nombre décimal périodique illimité.

On peut se demander si ce jeu permet une stratégie gagnante que l'on soit premier ou second joueur. C'est une question non triviale. Observons tout d'abord que Big Bang ne dévoile que progressivement les règles du jeu, laissant ainsi Kid œuvrer dans le noir et effectuer de mauvais choix.

Un premier point intéressant consiste à observer qu'un nombre donné s'écrit ou non sous forme décimale illimitée, en fonction de la base choisie. Ainsi, le nombre 1/3, qui dans le modèle décimal se note 0,33333333333..., devient tout simplement 0,1 en base 3. Le jeu n'a donc de sens que dans notre système usuel. La stratégie doit se situer dans ce cadre. De l'importance de la base de calcul choisie.

Pour obtenir une écriture décimale illimitée, il faut procéder à une division. L'utilisation des autres opérateurs est donc tactique et ne peut conduire directement à la victoire. Constatons aussi qu'en choisissant l'opérateur multiplication, le résultat obtenu ne permet jamais à l'adversaire d'arriver immédiatement à son but, la division étant toujours possible sans recours à la représentation illimitée. En effet, si a et b sont deux entiers ou deux nombres décimaux finis, ab l'est également et toute division revient à l'une des formes initiales a ou b également finies. Deux adversaires également matheux, adoptant cette stratégie, vont donc procéder systématiquement à des multiplications successives conduisant à un jeu sans fin… et sans intérêt.

Imaginons à présent que chacun des opérateurs ne peut être utilisé qu'un nombre fini de fois. Dans ce cas de figure, les choses deviennent beaucoup plus intéressantes. Pour simplifier, supposons que chaque joueur peut disposer une et une seule fois de chaque opérateur. Le nombre de jeux possibles devient alors fini. Et des stratégies peuvent se dégager. Le nombre de situations possibles est certes fini mais très grand, même dans ce cas simplifié : en toute rigueur, il y a 90 configurations de départ possibles pour le jeu si les nombres de départ doivent être différents. Et 4 choix d'opérateurs, ce qui nous livre 360 possibilités dès la première moitié du premier tour (le premier joueur tire pour la première fois). Remarquons que l'hypothèse selon laquelle les adversaires doivent choisir des chiffres différents au départ n'est pas explicitement spécifiée. Que de non-dit !

Mais plusieurs de ces choix couplés conduisent dès le premier tour à la victoire du joueur 1 et doivent donc être éliminés, si l'on suppose les joueurs intelligents. On peut aussi s'interroger sur le niveau d'information dont dispose chacun des joueurs. Qui choisit son chiffre/nombre en premier ? Un petit tableau Excel nous montre clairement que de nombreuses combinaisons doivent être éliminés d'emblée :

Joueur 1/2	1	2	3	4	5	6	7	8	9	0
1	1	0,5	0,33333333	0,25	0,2	0,16666667	0,14285714	0,125	0,11111111	#DIV/0!
2	2	1	0,66666667	0,5	0,4	0,33333333	0,28571429	0,25	0,22222222	#DIV/0!
3	3	1,5	1	0,75	0,6	0,5	0,42857143	0,375	0,33333333	#DIV/0!
4	4	2	1,33333333	1	0,8	0,66666667	0,57142857	0,5	0,44444444	#DIV/0!
5	5	2,5	1,66666667	1,25	1	0,83333333	0,71428571	0,625	0,55555556	#DIV/0!
6	6	3	2	1,5	1,2	1	0,85714286	0,75	0,66666667	#DIV/0!
7	7	3,5	2,33333333	1,75	1,4	1,16666667	1	0,875	0,77777778	#DIV/0!
8	8	4	2,66666667	2	1,6	1,33333333	1,14285714	1	0,88888889	#DIV/0!
9	9	4,5	3	2,25	1,8	1,5	1,28571429	1,125	1	#DIV/0!
0	0	0	0	0	0	0	0	0	0	#DIV/0!

Considérons tout d'abord le choix du premier joueur : quel nombre doit-il prendre et quel opérateur doit-il utiliser ?

Le premier joueur doit considérer que son adversaire n'est pas idiot et qu'il ne choisira pas un chiffre/nombre conduisant en un pas à sa défaite. En optant pour l'un des chiffres/nombres sûrs, il peut limiter les possibilités de son adversaire. Il peut également choisir son opérateur en sachant que la multiplication ne le conduira à rien.

Envisageons ensuite le choix du second joueur. Quel que soit le choix du joueur 1, le second joueur peut - et donc doit - opter pour une stratégie « sûre » au premier tour en choisissant l'un des chiffres/nombres 1, 2, 4, 5 et 8, obtenus à partir de puissances des deux diviseurs propres de la base 10. Il sait également, quel que soit le choix de l'adversaire, qu'il pourra le contrer en optant pour la multiplication.

On voit aussi apparaître des stratégies nulles, ne conduisant à la victoire d'aucun des joueurs. Ainsi, si le premier joueur opte pour zéro, il peut bloquer le jeu en multipliant son adversaire dès le premier tour. Les deux adversaires à zéro ne peuvent plus évoluer.

On le constate, le jeu et ses stratégies n'ont rien d'évident - les mathématiciens diraient de « trivial ». L'esprit d'invention de Midam se révèle donc bien plus subtil qu'il n'y paraît.

Les symboles des opérations élémentaires (?) « +, -, x » et « : » apparaissent en gras sur le corps de la machine infernale. Mais un cinquième symbole avec la même fonte est également présent. Il s'agit de l'opérateur « racine carrée » qui ne peut conduire à la victoire, puisqu'il aboutit à l'obtention de nombres irrationnels, donc de type « décimaux illimités non périodiques ».

Les mathématiques : des modèles d'insultes

Dans certaines classes sociales, il n'est pas bon de passer pour intellectuel. D'une manière générale, celui qui comprend est souvent rejeté par ceux qui n'ont pas pu ou n'ont pas voulu accéder au savoir. L'appellation « intello », dont se retrouvent affublés le plus souvent les premiers de la classe, ne qualifie généralement pas l'élément le plus apprécié dans un groupe. Et quel plus bel exemple d'intellectuel que le matheux ?

On peut le constater : dans l'univers paddlelien, les symboles mathématiques (exponentielle et racine carrée) s'intègrent parfaitement dans les jurons et les insultes (KP.02.10). Et ce n'est pas notre ami Big Bang qui prétendra le contraire !

Et ce n'est pas tout. La symbolique mathématique est largement utilisée à usage décoratif sur le côté de la console, introduisant une fonction trigonométrique (cosinus), une fonction primitive, une notation vectorielle et l'exponentielle de base « e ». Sans parler d'une approximation du nombre « pi » et d'un produit remarquable. On peut en déduire que le deuxième niveau du jeu se révélera plus complexe encore et que l'on ne peut que regretter que sa description ne soit pas plus explicite.

Représentations multiples d'un même nombre

Un autre exemple démontrant la décimalité du système numérique dans l'environnement Paddle nous est donné par une réflexion extrêmement fine sur nos notations arithmétiques. Et qui plus est une réflexion nous amenant à nous interroger sur les fondements mêmes du jeu précédent.

Voici notre gamin qui compte explicitement de un jusqu'à neuf (KP.05.08). Et qui se pose la question non triviale : « après neuf, c'est quoi ? »

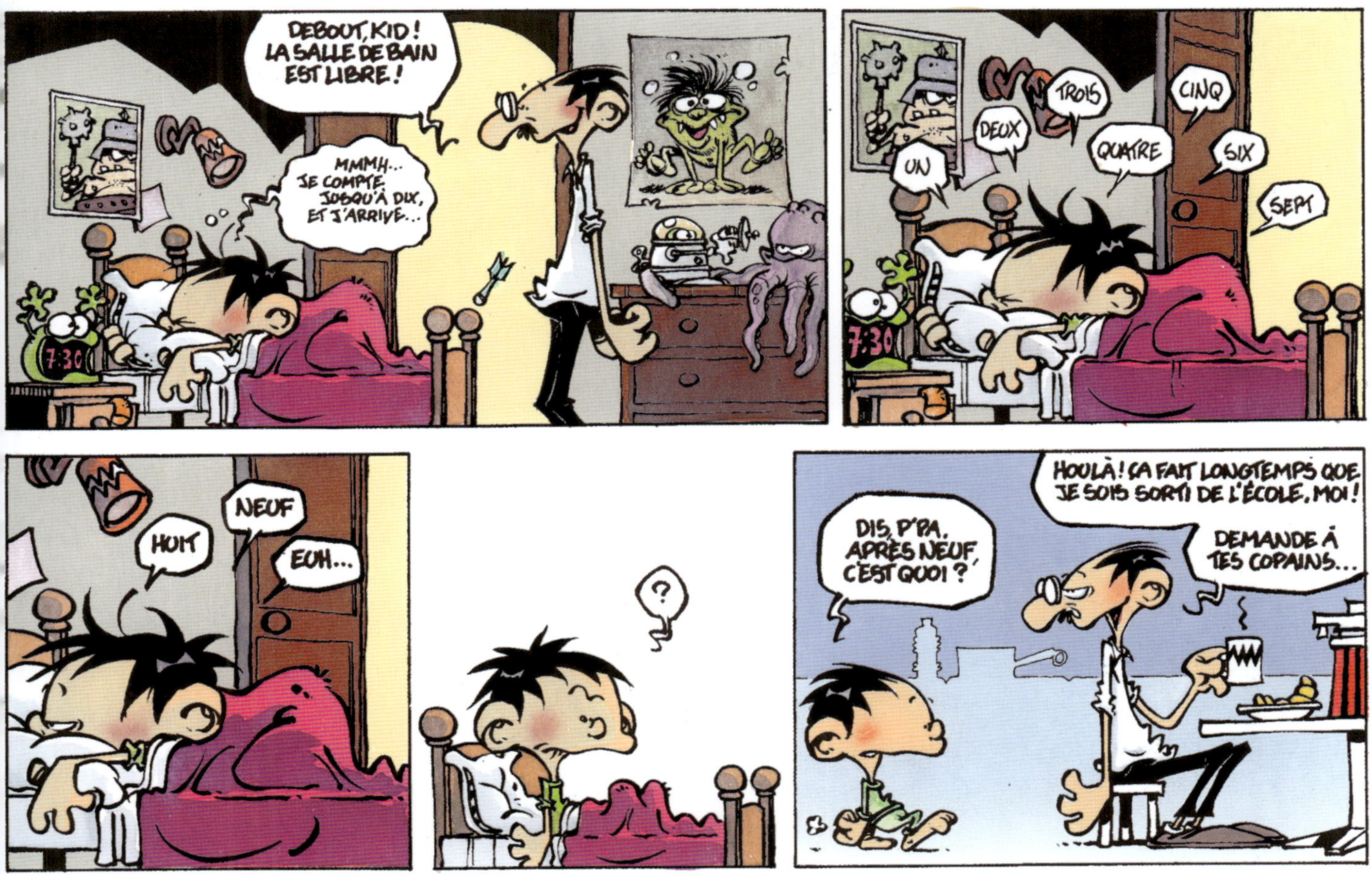

La question interpelle le génial Big Bang lui-même. Elle perturbe le maître d'école dans ses convictions les plus ancrées, le contraignant à faire appel aux techniques les plus fines de l'analyse. Sans résultat probant.

Encore une fois, remarquons l'introduction et l'usage de symboles mathématiques non triviaux comme celui de primitive d'une fonction.

Et tout cela jusqu'à ce que tombe la réponse du « spécialiste » : le système numérique s'est arrêté à 9,99999999999....

Mais à y réfléchir, cette valeur est-elle bien différente de notre notation « 10 » usuelle ? Car si nous notons $a = 10$ et $b = 9, 9999.....$, force est de constater que $a - b = 0,00000.....$

La différence $a - b$ étant identiquement nulle (quel que soit le nombre de décimales auquel on s'arrête), il nous faut bien conclure à l'évidence : $a = b$. Nous engageons d'ailleurs le lecteur non-mathématicien à effectuer l'opération. On peut donc écrire :

$9,99999999999.... = 10$

La propriété s'étend aux autres bases. Ainsi, en base 2, pilier du système binaire, on a par exemple :

$1 = 0,1111111111111111......$

Pour les matheux (mais j'espère n'avoir perdu aucun lecteur, quel qu'il soit, à ce stade), cette propriété peut se mettre sous la forme d'un calcul de série (somme d'une infinité de termes), qui exprime que :

$$\sum_{i=1}^{\infty} \left(\frac{1}{2}\right)^i = \left(\frac{1}{2}\right)^1 + \left(\frac{1}{2}\right)^2 + \left(\frac{1}{2}\right)^3 + \ldots = \left(\frac{1}{2}\right) + \left(\frac{1}{4}\right) + \left(\frac{1}{8}\right) + \ldots = 1$$

Pour les non-matheux, la formule exprime qu'en prenant une demi-tarte, à laquelle on ajoute un quart de tarte, puis un huitième de tarte, on finit par obtenir la tarte entière. Revenons à notre propos. On en arrive à la propriété fondamentale : tous les nombres rationnels (fractions) peuvent s'écrire sous forme périodique illimitée et cela quelle que soit la base naturelle choisie. Mais certains peuvent s'écrire de deux façons, l'une limitée, l'autre pas. Cette propriété n'est pas propre au nombre en lui-même mais bien au couple formé par ce nombre et la base dans laquelle on l'écrit. En base 3, le nombre 1/3 possède deux écritures. Il peut s'écrire 0,1 ou 0,0222222.... Il n'en a qu'une en base 10, à savoir 0,333333....

Dans ces conditions, peut-on encore jouer au jeu précédent, dans la mesure où tout nombre peut aussi s'écrire sous une forme périodique illimitée ? Tout n'est donc qu'une question de convention. Comme c'est souvent le cas en mathématiques.

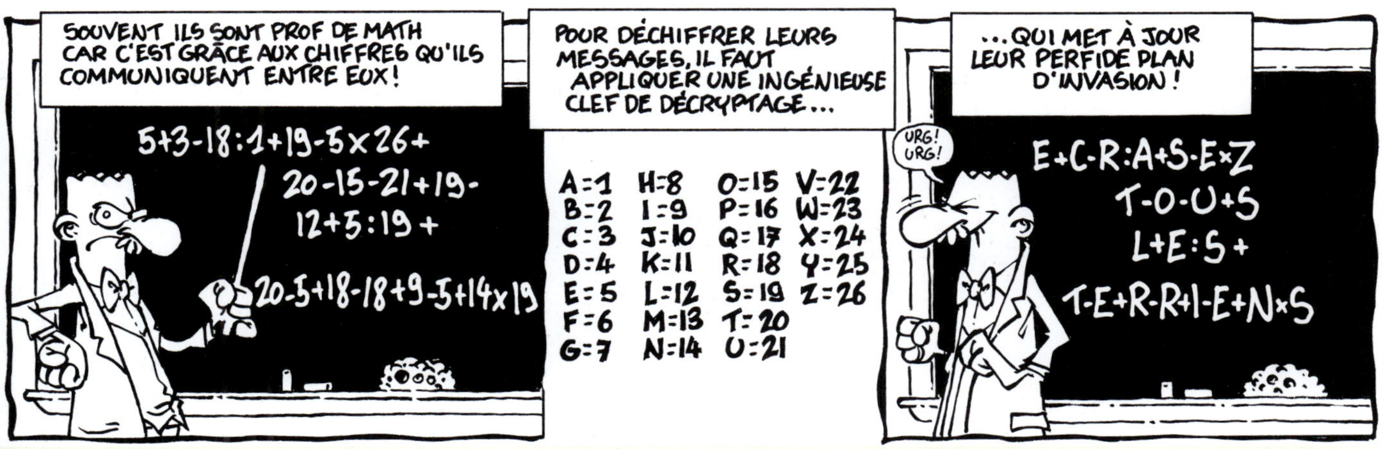

Kid Paddle, Tome 14 de Midam, Adam et Valérian © Editions Glénat 2014

Codages numériques

Qui dit ensemble des naturels conduit presque naturellement à la notion de codage qui consiste à remplacer chaque lettre d'un message par sa position dans l'alphabet. « A » devient « 1 », « B » devient « 2 » et ainsi de suite. C'est ce que soupçonne le Kid quand il analyse une succession de nombres dans une suite d'opérations arithmétiques proposée par l'instituteur, en qui il voit un extraterrestre chargé de détruire l'espèce humaine (KP.14.09). Il faut bien avouer que la suite de nombres présentée au tableau est bien malheureuse (5, 3, 18, 1, 19, 5, 26, 20, 15, 21, 19, 12, 5, 19, 20, 5, 18, 18, 9, 5, 14, 19), puisqu'elle correspond au message subliminal : « Écrasez tous les Terriens ». Le codage par glissement est aussi un grand classique, qui consiste à décaler d'une ou plusieurs unités les positions des lettres. C'est le cas du célèbre code de César, utilisé par le général romain dans ses correspondances secrètes et qui consiste à remplacer chaque lettre du texte original par une autre lettre située à distance fixe de la première, du même côté de l'alphabet. Les dernières lettres sont alors renvoyées sur les premières.

Le paradoxe de Zénon et la découverte des infiniment petits

La série que nous venons de présenter a causé bien des soucis aux philosophes et aux mathématiciens depuis l'Antiquité jusqu'au Moyen-Âge. En effet, reprenons cette égalité :

$$\sum_{i=1}^{\infty} \left(\frac{1}{2}\right)^{i} = \left(\frac{1}{2}\right)^{1} + \left(\frac{1}{2}\right)^{2} + \left(\frac{1}{2}\right)^{3} + \ldots = \left(\frac{1}{2}\right) + \left(\frac{1}{4}\right) + \left(\frac{1}{8}\right) + \ldots = 1$$

Elle nous affirme que la somme d'une infinité de termes peut donner un résultat fini. La non-découverte de cette propriété étonnante a donné naissance aux célèbres paradoxes de Zénon dont voici la version de Midam, non dénuée de pertinence.

La présentation non dénuée d'humour que nous en offre Big Bang constitue une variante, très exactement adaptée à notre série, des célèbres paradoxes de la flèche et d'Achille dus au célèbre philosophe présocratique Zénon, élève et ami de Parménide (KP .05.21).

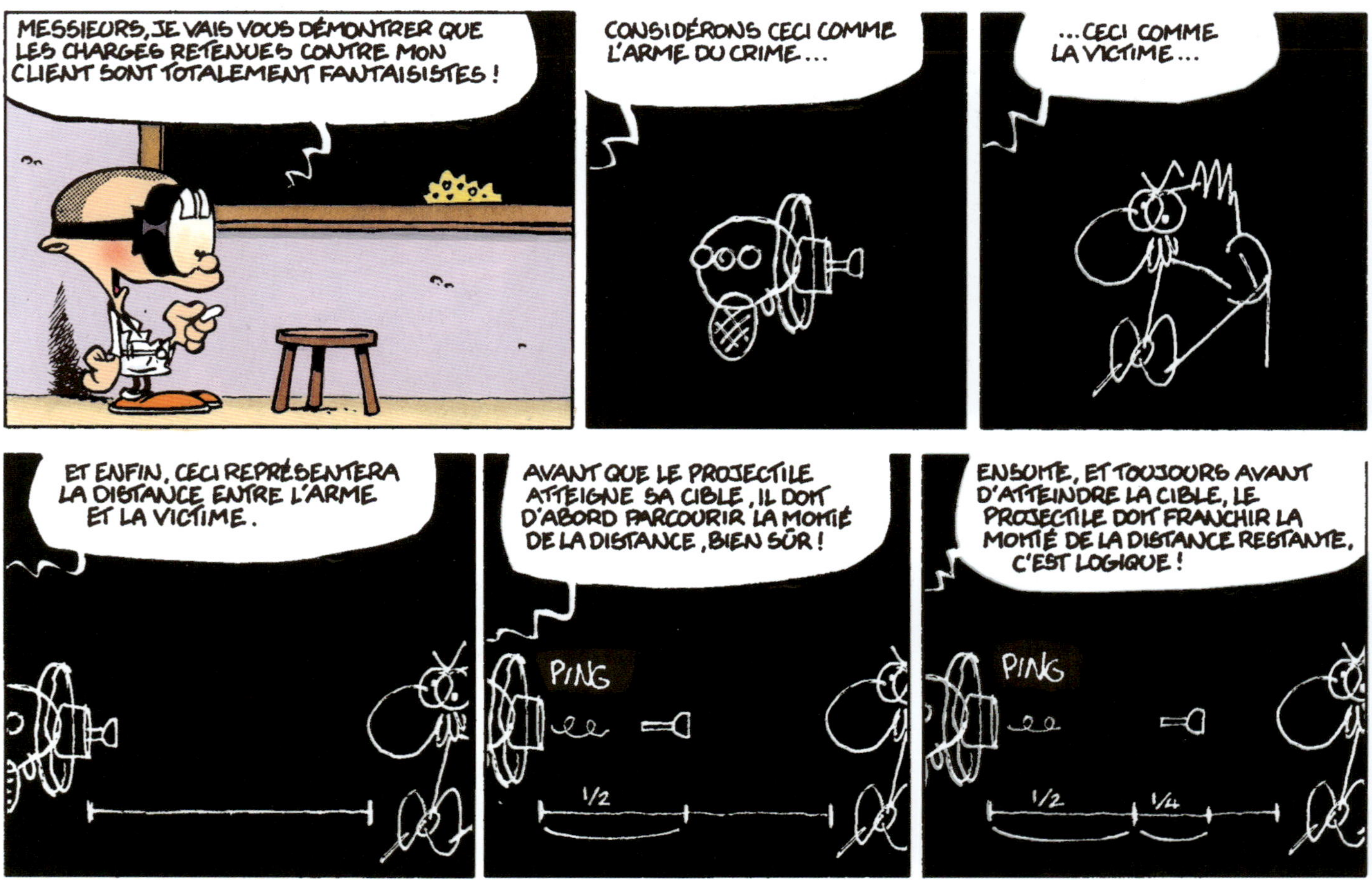

Zénon d'Élée est né vers 480 et mort probablement vers 420 avant notre ère.

Que prétend le fameux paradoxe de la flèche ? Il consiste à nier la notion de mouvement. Étonnant, non ? Imaginez une flèche en plein vol. À chaque instant, selon Zénon, cette flèche doit se situer très précisément à une certaine position. Si l'instant considéré est « trop court », notre flèche n'a pas le temps de se déplacer et doit rester au repos. Et pendant tous les instants suivants, il en sera de même pour la même raison. Si le temps est une succession d'instants et que chaque instant est un moment où le temps est arrêté, le temps ne peut pas exister. La flèche demeure donc immobile : en fait, pour le philosophe, tout mouvement est impossible.

Voyons à présent le paradoxe d'Achille et de la tortue qui se rapproche un peu plus du « paradoxe de Big Bang ». Toujours selon Zénon, Achille à la course rapide ne pourra jamais dépasser le plus lent des reptiles, si petite que soit l'avance que possède ce dernier. Le raisonnement est le suivant : pendant qu'Achille court jusqu'au point de départ de la tortue, cette dernière a pu avancer. Il lui reste donc un peu de retard à combler. Le même raisonnement peut se répéter : toutes les fois qu'Achille aura atteint l'endroit où la tortue se trouvait, elle se retrouvera encore plus loin. Par conséquent, le rapide Achille ne pourra jamais rattraper la tortue.

Dans sa *Physique*, au chapitre intitulé « de la divisibilité du mouvement » (Tome 2, livre VI, chapitre XIV), Aristote avait vivement contesté les conclusions de Zénon. Notre esprit pragmatique en ce XXIe siècle comprend pourquoi. Voyons quels furent les arguments d'Aristote[1] :

1. *Mais Zénon fait un faux raisonnement : « Si toute chose, dit-il, doit toujours être soit en mouvement soit en repos, quand elle est dans un espace égal à elle- même, et si tout corps qui se déplace est toujours pendant chaque instant dans un espace égal, il s'ensuit que la flèche qui vole est immobile. » Mais c'est là une erreur, attendu que le temps n'est pas un composé d'instants, c'est-à-dire d'indivisibles, pas plus que nulle autre grandeur.*

2. *Zénon a sur le mouvement quatre raisonnements, qui ne laissent pas que d'embarrasser ceux qui tentent de les réfuter.*

3. *D'abord, il prétend prouver que le mouvement n'existe pas, attendu que le mobile passe par la moitié avant d'arriver à la fin. Nous avons réfuté ce sophisme dans nos discussions antérieures.*

Voici ici repris très exactement la démonstration de Big Bang. Dont la conclusion théorique entre visiblement et ostensiblement en contradiction avec la réalité des faits.

Mais il faut avouer « que c'est une belle défense », une très belle plaidoirie ! Revenons à Zénon et Aristote.

1 Traduction française de Barthélémy Saint-Hilaire.

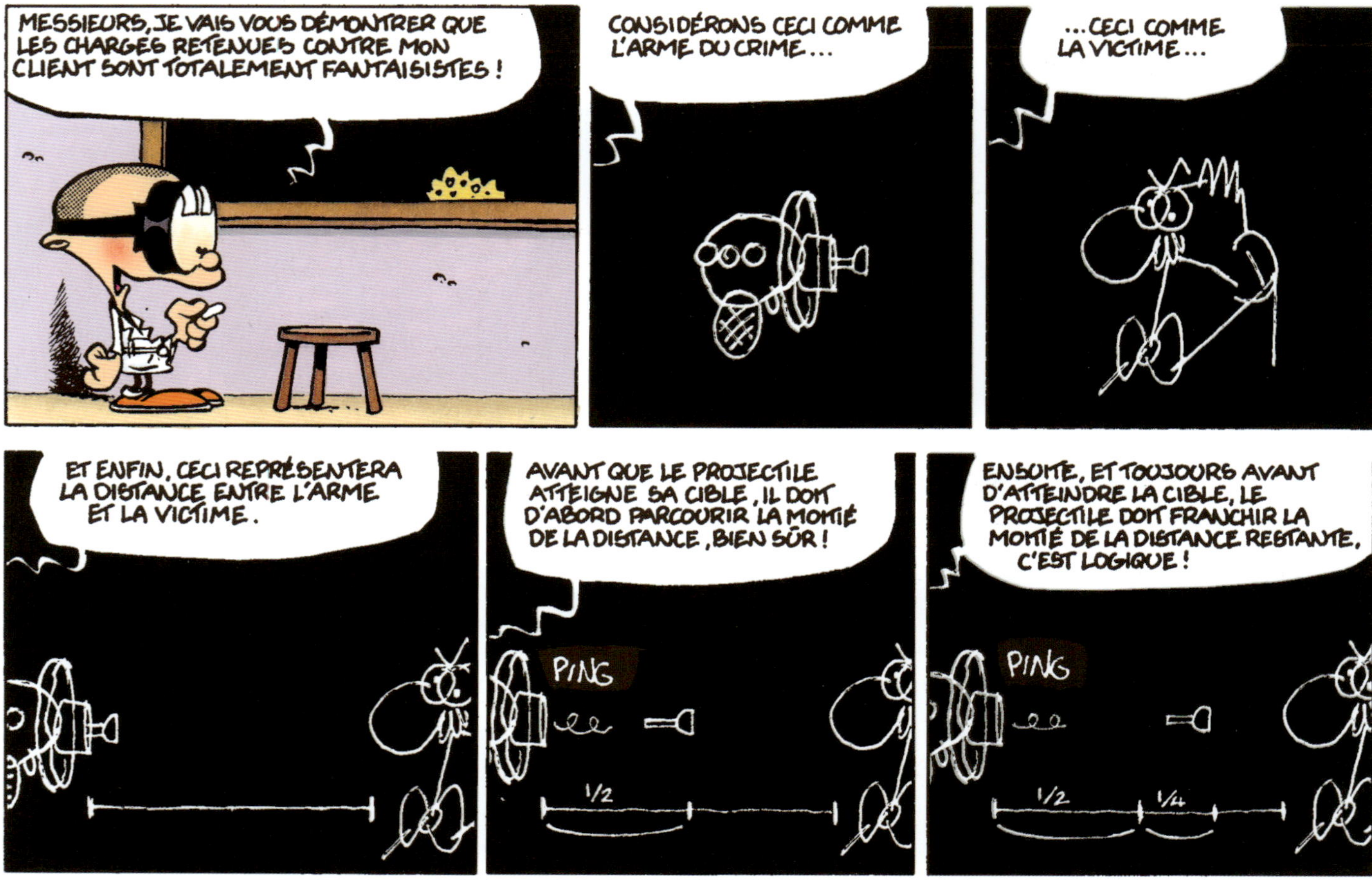

4. *Le second sophisme de Zénon est celui qu'on appelle l'« Achille ». Il consiste à dire que jamais le plus lent, quand il est en marche, ne pourra être atteint par le plus rapide, attendu que le poursuivant doit, de toute nécessité, passer d'abord par le point d'où est parti celui qui fuit sa poursuite, et qu'ainsi le plus lent conservera constamment une certaine avance.*

5. *Ce raisonnement revient à celui de la division par deux; et, la seule différence, c'est qu'ici l'on ne divise pas continuellement en deux la grandeur surajoutée. On tire bien de cet argument cette conclusion régulière qu'il n'est pas possible que le plus lent soit jamais atteint; mais c'est toujours absolument la même chose que dans la division par deux, puisque de part et d'autre on conclut qu'on ne peut arriver au bout, de quelque manière qu'on partage la grandeur. Seulement, dans l'« Achille », on ajoute que même le plus rapide ne pourra jamais rejoindre le plus lent; et c'est plus pompeux et plus tragique.*

Mathématiquement, l'affirmation d'Aristote concernant la « non-division systématique en deux » nous permet de généraliser notre premier résultat, en prenant en considération des sommes d'une infinité de termes évoluant selon des puissances successives. Considérons par exemple la somme de puissances de termes rationnels (fractions ou encore quotients de deux naturels) strictement inférieurs à 1.

On montre que l'on peut calculer

$$\sum_{i=1}^{\infty} \left(\frac{p}{q}\right)^i = \left(\frac{p}{q}\right)^1 + \left(\frac{p}{q}\right)^2 + \left(\frac{p}{q}\right)^3 + \ldots$$

dès lors que $p<q$. Cette suite de termes dite « géométrique » vaut tout simplement :

$$\sum_{i=1}^{\infty} \left(\frac{p}{q}\right)^i = \left(\frac{p}{q-p}\right)$$

On vérifie évidemment notre résultat avec la fraction 1/2. Mais les infiniment petits obtenus par divisions successives (par deux ou tout nombre strictement supérieur à 1) n'ont obtenu droit de cité dans le monde des maths que très récemment. Ils étaient apparus « naturellement » sous la plume de Leibniz et Descartes mais avaient été rejetés par les fanatiques de la rigueur avant d'y retrouver leur place grâce aux travaux du mathématicien Robinson[2], inventeur d'un nouveau formalisme : l'analyse non standard. Que les non-mathématiciens nous excusent de cette digression, nous revenons d'emblée à des propos plus acceptables. Car il faut bien l'admettre, le jargon des matheux (que nous venons malgré nous d'utiliser) n'est pas neutre socialement.

Des infiniment petits à la continuité

Entre deux nombres différents, on peut toujours en intercaler un autre (et donc une infinité puisqu'on peut recommencer indéfiniment l'opération simplement en prenant la moyenne des deux nombres en question !). Cette approche de l'infini et des infiniment petits se retrouve dans les réflexions du Kid quand il prend conscience de la variété incroyable de nuances de couleurs. (KP.02.43)

2 Abraham Robinson (1918 - 1974) : mathématicien, logicien et ingénieur en aérodynamique, créateur de l'analyse non standard, théorie mathématique qui rend rigoureux l'usage des infiniment petits et des infiniment grands.

GUNS
C'EST LE FUSIL-MITRAILLEUR LE PLUS VENDU AU MONDE !
LE AK-47 ! COMMUNÉMENT APPELÉ "KALACHNIKOV" DU NOM DE SON GÉNIAL INVENTEUR.
RASSUREZ-VOUS, IL N'EST PAS CHARGÉ...
ET ÇA FAIT DU DÉGÂT ?
DU DÉGÂT ?! MAIS MONSIEUR CETTE ARME EST RE-DOU-TABLE !
C'EST DU GROS CALIBRE : 7,62 MM AVEC DES CHARGEURS DE 30 CARTOUCHES...
...TRÈS FACILES À REMPLACER : 3 SECONDES
HOP !
HOP !
KLAK
600 COUPS PAR MINUTE ! EN TIR DE SATURATION, UNE RAFALE DE 30 CARTOUCHES EST EXPÉDIÉE EN 3 SECONDES !
JE VOIS.
MONSIEUR, COMPRENEZ-MOI BIEN ! AVEC UNE ARME COMME CELLE-CI ET QUELQUES CHARGEURS, 150 CIBLES, MÊME MOUVANTES, N'ONT AUCUNE CHANCE DE S'EN TIRER !
RASSUREZ-VOUS, ELLE N'EST PAS CHARGÉE !
TRÈS PEU DE RECUL, ENTRETIEN DÉRISOIRE, LIVRÉ AVEC UNE HOUSSE DISPONIBLE EN 3 COLORIS...
JE VOUS FAIS UN EMBALLAGE CAD... ?
EUH... MONSIEUR ?
BIEN, VOICI VOTRE EXAMEN DE CALCUL : UN JUSTICIER PREND D'ASSAUT UN CIMETIÈRE FRÉQUENTÉ PAR 150 ZOMBIES. IL EST ARMÉ D'UN AK-47 "KALACHNIKOV", CALCULEZ LE NOMBRE DE CHARGEURS NÉCESSAIRES POUR NETTOYER LE CIMETIÈRE, SACHANT QU'UN CHARGEUR CONTIENT 30 BALLES ET QUE...
COOL !

Curieuses applications arithmétiques

Les nouvelles méthodes pédagogiques peuvent conduire à d'étranges applications.

Voici notre jeune instituteur fréquentant une bien curieuse boutique : celle d'un marchand d'armes (KP.06.04). La boutique annonce fièrement la nature des produits proposés aux clients sous la forme : « Guns ».

La scène se déroulerait-elle en conséquence aux États-Unis ? Le boniment du vendeur tendrait à nous le faire croire, le commerce des armes étant sensiblement différent dans tous nos pays européens.

Mais quelle application pédagogique notre professeur moderne va-t-il en tirer ? La réponse à cette légitime interrogation nous est fournie dans la dernière case du strip.

L'exemple précédent n'est pas unique. Retrouvons la classe du petit Kid lors d'une autre interrogation de calcul (KP.06.08). L'énoncé du problème principal a une fois de plus un contenu militaire, même s'il se place dans un contexte cinématographique avec une allusion explicite à *Rambo*.

La question intéresse grandement les petits garnements. Mais leur connaissance du sujet les conduit à de nombreuses interruptions qui ne plaisent pas nécessairement au maître.

Benjamin Benjamin (professeur pédagogiquement moderne) réagit enfin avant de compléter l'énoncé.

Mais ce dernier ne convient apparemment pas au Kid qui exprime sa déception.

La patience de l'instituteur a des limites. Et son mécontentement se traduit par l'improvisation d'un nouvel énoncé.

Ce dernier plaira-t-il davantage aux élèves impliqués ? C'est douteux, d'autant plus qu'il débouche lui aussi sur une certaine forme de contestation.

JOHN WILLIAM RAMBO DOIT LIBÉRER UN CAMP DE PRISONNIERS AMÉRICAINS SITUÉ AU NORD VIÊT-NAM ET GARDÉ PAR UN BATAILLON DE 159 SOLDATS.
POUR CE FAIRE, IL POSSÈDE UN FUSIL D'ASSAUT "M-16„ ET 21 CHARGEURS DE 30 BALLES.
EXAMEN DE CALCUL
x21
LE M-16 TRADITIONNEL OU LE "COLT-COMMANDO"?
LE "COMMANDO„ SI VOUS PRÉFÉREZ !
ÇA N'A PAS D'IMPORTANCE...
BON, UNE RAFALE DE 5 BALLES NEUTRALISE 3 SOLDATS, CE QUI FAIT 60% DE RÉUSSITE...
JE VOUS CONSEILLE LE M-16 TRADITIONNEL, IL EST MEILLEUR !
POUR LES BALLES, PRENEZ DU 5,56 EXPLOSIF. VOUS AUREZ DU 90% !
EUH.. APRÈS 10 RAFALES, CE TAUX TOMBE À 40% ET APRÈS 25 RAFALES, IL N'EST PLUS QUE DE 20% !
LES BALLES EXPLOSIVES SONT MOINS PROPRES, MAIS PLUS EFFICACES !
ET POURQUOI NE PAS UTILISER LE LANCE-ROQUETTES X-03 ADAPTABLE ? IL EST PRATIQUE !
TAISEZ-VOUS DEVANT !
CALCULEZ LE NOMBRE DE BALLES NÉCESSAIRES POUR NEUTRALISER TOUTE LA GARNISON.
...OU ALORS TRAVAILLER AU LANCE-FLAMMES !
LE M2-2 EST TRÈS BIEN !
PAS DE LANCE-FLAMMES, PAS DE ROQUETTES. C'EST UNE OPÉRATION NOCTURNE DISCRÈTE.
SOUS-QUESTION : COMBIEN Y AURA-T-IL DE BALLES PERDUES ?
NOCTURNE ?!
ÇA CHANGE TOUT ! IL FAUDRA UNE LUNETTE DE VISÉE INFRAROUGE...
...ET DES BALLES TRAÇANTES, GENRE L110 !
POUR LA DISCRÉTION, IL EXISTE LE SILENCIEUX MX-23,
MAIS ALORS ON PASSE EN CALIBRE 7,62...
TRÈS BIEN ! VOUS L'AUREZ VOULU ! BONHOMET ACHÈTE UN SUCRE D'ORGE À TILAPIN POUR 25 CENTIMES. TILAPIN, DE BONNE HUMEUR, LUI FAIT UNE REMISE DE 37%. CALCULEZ LE
LE SUCRE D'ORGE, UN "SPÉCIAL PANACHÉ„ OU UN "ARC-EN-CIEL„ ?

L'univers des armes n'est pas le seul monde violent. Celui de la finance et de l'économie de marché l'est tout autant. Le Kid va s'en apercevoir avec l'aide comptable de Big Bang (KP.09.26) au cours d'une partie d'échecs (tiens ! Un jeu plutôt matheux, non ?)

Le parachute doré d'un magnat de l'industrie fait rêver le Kid dans un premier temps. Que d'achats virtuels en perspective !

Mais le réel est parfois bien décevant. L'ampleur même de l'allocation de licenciement comprend ses propres limites.

Se lancer dans des achats inconsidérés n'a pas que des avantages et certaines stars feraient bien de s'en rendre compte avant leur inéluctable déchéance financière.

L'inévitable corruption des administrations est également évoquée. Mais c'est très loin d'être tout. Vraiment ! Devenir riche n'a pas que des avantages.

Les charges sociales inéluctables deviennent vite insupportables. Alors quelle conclusion en tirer ?

La réaction du jeune Kid est assez surprenante.

Mais la leçon à en tirer est évidente : il convient avant tout, en cas d'héritage ou de gains inconsidérés, d'apprendre à bien dépenser, ou, plutôt, à ne pas dépenser...

Modèles de Lewis Carroll et de Midam

Identité de moyens et de buts

Le monde onirique de Midam, fait d'une fantaisie débridée teintée d'humour mais non dénuée d'une certaine forme de cruauté, n'est pas sans rappeler celui créé par le romancier et mathématicien doublé d'un logicien Charles Lutwidge Dodgson, mieux connu du grand public sous le pseudonyme transparent de Lewis Carroll. Son pseudo reprend en effet, en les inversant et en les traduisant, ses deux prénoms véritables.

Assez curieusement, ce parallélisme est probablement voulu et l'œuvre de Midam contient un nombre non négligeable d'allusions et de clins d'œil à celle du mathématicien poète. Situons quelque peu la vie et l'œuvre de Lewis Carroll. Rassurez-vous, nous ne donnerons pas de biographie complète du personnage. Notre matheux/romancier est né le 27 janvier 1832 à Daresbury, dans le Cheshire, et disparut le 14 janvier 1898 à Guildford. Entré en 1851 à l'université d'Oxford, Charles Lutwidge y obtint un diplôme de mathématiques et décida d'emblée d'y poursuivre sa carrière comme enseignant au fameux Christ Church College, le plus grand de la cité universitaire. Il n'était pas considéré comme un pédagogue passionnant (c'est un euphémisme) mais cela ne l'empêcha pas, dès 1855, de tenter de « *mettre sur pied un plan d'enseignement systématique de la première partie de la géométrie algébrique – chose que personne ne semble avoir tentée jusqu'à présent* », comme il le nota lui-même dans son *Journal*. Il publia ainsi entre 1858 et 1879 une dizaine de petits guides à usage de ses étudiants destinés, à leur faciliter l'apprentissage des mathématiques. Ces ouvrages étaient signés de son nom véritable.

Entre-temps, en 1865, avait paru, sous pseudonyme, un roman destiné apparemment à la jeunesse, mais au contenu en réalité profondément philosophique qui allait lui assurer une célébrité mondiale, à savoir *Les Aventures d'Alice au pays des*

merveilles. L'auteur donnera une suite à ces aventures à la logique absurde et néanmoins rigoureuse sous le titre *De l'autre côté du miroir*, en 1871. Ce second opuscule fut également apprécié du grand public.

Le succès des deux ouvrages ne peut être dissocié des extraordinaires illustrations nées sous la plume du dessinateur John Tenniel (1820 – 1914) qui n'est pas loin d'avoir anticipé de près d'un siècle ce qui allait devenir le monde de la bande dessinée. *Alice* ne compte pas moins de 42 illustrations nous permettant de suivre la petite fille dans l'imaginaire bien structuré de Carroll, et *À travers le miroir* en propose 50. Le tout suit scrupuleusement le texte et permet au lecteur une intrusion forcée dans l'univers délirant mais logique de l'auteur. Tenniel, un autodidacte, fournit également, entre 1851 et 1901, plus de 2 300 dessins à la revue satirique *Punch*. Les illustrations reprises ici sont tirées de *Alice's Adventures in Wonderland* (London, Macmillan, 1865) et de *Through the Looking-Glass and What Alice Found There* (London, Macmillan, 1871).

Voici par exemple la présentation d'Alice au Dodo qu'elle croise au chapitre 3 de ses « *Adventures* ». Ceci est particulièrement amusant, surtout quand on apprend que Charles Lutwidge était affecté d'un léger bégaiement et qu'il se présentait lui-même en annonçant « Do - Dodo - Dodgson ». Le voilà donc présent dans son œuvre, représenté par son double virtuel, comme Kid et le Petit Barbare. Faut-il pour autant comparer le Pays des Merveilles au monde virtuel du Kid ? Au lecteur de répondre.

Puis vint 1879, année de la publication de la contribution majeure de Dodgson à la pédagogie des mathématiques : *Euclide et ses rivaux modernes*. Ce livre est intéressant parce que, si son auteur le signa Charles L. Dodgson, il l'écrivit dans le style de Carroll, présentant sous forme théâtrale et humoristique - un procès se déroulant aux enfers - un ouvrage que lui-même considérait comme un essai scientifique important. Ce texte fait donc la jonction entre les deux facettes de son auteur. Une jonction qui n'apparaîtra qu'aux yeux des seuls mathématiciens.

Pour entretenir encore la confusion entre ses deux facettes, en 1885, Carroll signa de son pseudo littéraire un fascicule intitulé *A Tangled Tale*, un conte embrouillé, fait de dix « nœuds » à défaire, dix problèmes à résoudre dont le contenu mathématique est clairement apparent. L'ouvrage surprit le grand public et la presse littéraire qui ignorait encore que Lewis Carroll, le prince du *nonsense*, dissimulait en fait le mathématicien Charles Dodgson. À l'aide de ce conte mathématique, l'auteur utilise sa notoriété littéraire au service de l'idéal qui lui tient à cœur : instruire le grand public, lui enseigner l'art du raisonnement, la logique. Grâce à Lewis Carroll, les mathématiques deviennent un jeu. Quelle extraordinaire modernité. Nous allons constater que c'est également le cas des « Kid's adventures in videoland ».

Premier hommage : eat me or drink me

Chacun connaît plus ou moins les mésaventures de la pauvre Alice, contrainte de grandir et de rapetisser successivement pour poursuivre son chemin dans son étrange pays des merveilles. Qui n'a pas dévoré le livre et sa suite a sans doute regardé le dessin animé qu'en a tiré Walt Disney en y mêlant d'ailleurs les deux aventures d'Alice pour le plus grand plaisir des (plus ou moins) jeunes spectateurs. Pour réaliser toutes les transformations nécessaires à son parcours, la jeune Alice consomme régulièrement nourriture et boisson étranges aux effets dévastateurs.

À de multiples reprises, notre pauvre Petit Barbare va se retrouver confronté au même choix. Une question cependant semble ne pas avoir troublé les auteurs : que se passe-t-il avec les vêtements et les accessoires des personnages lorsque le corps du héros (ou de l'héroïne) grandit ou rapetisse ?

Assez curieusement, le problème ne semble pas se poser pour notre personnage virtuel. Ouvrons le premier opuscule de la série *Game Over* (GO.01.31 et GO.01.32).

Voici le Petit Barbare consommant une potion le rendant gigantesque (on peut comparer sa taille finale avec celle du rocher à ses côtés), le tout sans cesser pour autant d'être toujours décemment vêtu. Est-ce une contrainte implicite au monde de la BD ? C'est assez peu probable étant donné la liberté de ton qui règne dans toutes les planches. On peut néanmoins s'étonner devant ce curieux modèle qui fait que les effets du corps s'étendent également aux vêtements portés.

Mais qu'importe ! De toute façon, le jeu se doit de mal finir et notre personnage sera pris aux pièges savamment dissimulés dans les arcanes de la modélisation multiple.

Car le voilà contraint, pour accéder à la sortie du jeu, de retrouver une taille normale. Mais quels seront les effets de la gravité dans ce jeu vidéo ? Nul ne peut le prévoir, le modèle étant soumis aux caprices du créateur des jeux.

Les surprises sont rarement bonnes dans cet univers virtuel !

En toute logique, les effets des potions devraient, comme dans notre univers, être limités aux corps des personnages. Nous venons de voir que dans le virtuel, les lois sont au choix de l'inventeur, du créateur de jeux.

Mais qu'en est-il des *machines* agrandisseuses ? Leur effet devrait, selon les lois en cours dans le monde de la physique, s'étendre cette fois à tout objet matériel soumis à leur action. Ce modèle semble bien conforme aux observations du monde virtuel des jeux de Kid. Il y a bien les « jeux de Kim », introduits par Rudyard Kipling dans son roman *Kim* en 1901. Pourquoi n'y aurait-il pas des jeux de Kid ? Un bel exemple nous en est donné dans le tome 7 de la saga (GO.07.25).

Voici le Petit Barbare soumis à des rayons agrandisseurs qui le transforment, lui et son arme en véritable géant. Très « logiquement », c'est-à-dire selon le modèle conforme à nos observations dans le monde réel, tous les objets soumis aux rayons subissent donc le même sort… avec toutes les conséquences positives ou négatives qui en découlent, les douilles énormes éjectées de son arme ayant écrasé la malheureuse princesse.

Les machines agrandisseuses ont parfois de bien curieux effets. Lorsqu'il se voit proposer un nouveau pistolet à rayon aux effets inconnus, et comme il a appris

MMMMM
ZONK
MMMMMMM
ZONK
MMMMMM
ZONK
G132
MIDAM-ADAM-NOOR
TOC
TOC
G
AME
OVER

à le faire suite à nombre d'expériences plus ou moins désastreuses, notre héros procède à plusieurs expérimentations (GO.04.13).

Un minuscule caillou se trouve transformé en un roc gigantesque, une plante à peine germée en un chêne solide et fort. Le modèle qui en découle peut sembler évident. Quoique...

L'effet observé est assez différent dans les deux cas de figure. Le caillou a grossi. Le chêne a vieilli. Pas évident de construire un modèle dans ces conditions.

Que va faire le Petit Barbare lorsqu'il se retrouve face à face avec trois Blorks aux intentions peu claires, mais sans nul doute hostiles. Il n'hésite pas et teste la machine sur lui.

Dans le monde virtuel, les effets du rayon sur les objets inanimés, sur les végétaux et sur les humains sont radicalement différents et, apparemment, n'opèrent que très localement. À bon entendeur...

Bien évidemment, les effets transformateurs des potions ne se limitent pas aux seuls changements de taille. Ils peuvent se combiner à l'infini aux métamorphoses les plus diverses.

Poursuivi par un Blork des plus costauds, le Petit Barbare peut profiter des effets d'une potion sans nul doute salvatrice (GO.04.26). Une étiquette y représente un athlète adepte de la musculation intense. Notre héros se voit donc immédiatement doté de biceps puissants qui lui permettraient de vaincre le monstre à sa poursuite.

Hop : il consomme la potion. Et admire effectivement sa magnifique musculature. Mais l'effet de gonflette n'est pas le seul associé à la potion magique. Car la taille du héros a été ramenée à celle de l'étiquette sur le flacon. Une étiquette qui n'avait pas menti : il se retrouve en effet conforme au modèle.

D'autres similitudes avec le monde d'Alice peuvent encore être mises en avant. Reprenons le second roman du matheux et passons-nous aussi « de l'autre côté du miroir ».

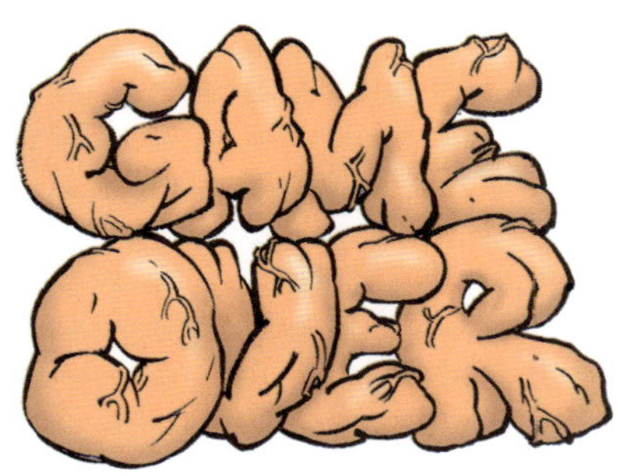

Tout comme dans l'univers d'Alice, la rencontre avec un miroir se révélera elle aussi pleine de surprise pour le Petit Barbare (GO.01.41 et GO.01.42). Que de violence inattendue !

Remarquons en passant que le Petit Barbare initial est gaucher à l'inverse de son image qui porte sa massue dans la main droite, obéissant ainsi à la logique du miroir.

Loin d'être amical, le double se révèle particulièrement agressif avec son modèle, le frappant traîtreusement dès son apparition. Une réaction adaptée du double de Kid est donc impérative et notre héros décide de briser le miroir, à l'origine de cette apparition désagréable.

Un miroir brisé : sept ans de malheur diraient les plus superstitieux. Eh oui ! Sept ans de malheur peut-être ! Mais surtout une demi-douzaine de micro-barbares tout aussi agressifs que le premier double du Petit Barbare.

C'est aussi dans la seconde partie de ses aventures d'Alice que celle-ci va faire connaissance avec une curieuse paire gémellaire. Bizarrement, ces personnages participeront à plusieurs adaptations cinématographiques des « *Adventures* », alors qu'ils n'en font pas partie, étant membres à part entière du peuple du miroir.

Il s'agit des personnages de Tweedledum et Tweedledee qu'Alice rencontre au chapitre 4. Observons la symétrie clairement orthogonale entre les deux personnages.

On peut clairement en retrouver une transposition dans l'univers virtuel du Kid, avec un développement presque exhaustif d'exemples variés de symétries tout aussi orthogonales (KP.05.19).

La symétrie orthogonale se fait relativement à un axe, ici l'axe vertical occupant le « milieu » de chaque case, le tout produisant également un effet miroir si cher à Lewis Carroll.

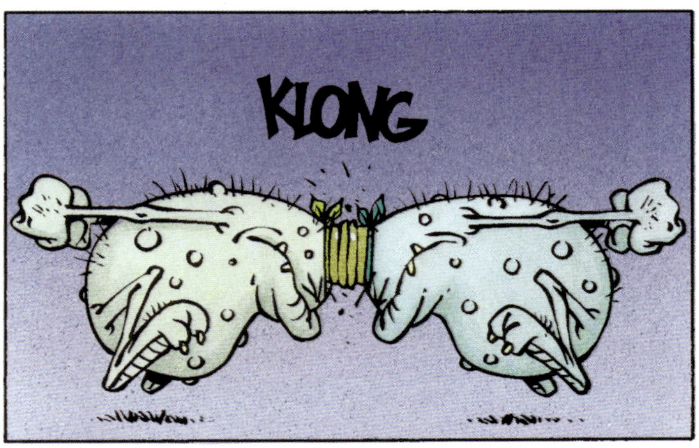

Le tout avec, une fois n'est pas coutume, une totale absence de conséquences funestes pour les antagonistes. La présence de Carole, aux manettes à côté de son frère, y serait-elle pour quelque chose ?

Admirons l'alternance bien choisie des déplacements des bulles de dialogues dans le plan (dernière case), pour lesquels (facilité de lecture ?) la symétrie orthogonale est remplacée par une translation de bon aloi.

Toujours de l'autre côté du miroir, un autre personnage étonnant apparaît deux chapitres plus loin, répondant au nom cocasse de Humpty Dumpty. Il s'agit là de la reprise du personnage d'une chansonnette anglaise dont la première version imprimée, avec musique, date de 1797. Notons que l'anglais « *dump* » signifie en fait dépotoir ! Dans l'imagerie de Tenniel, le personnage est présenté avec un crane (et un corps) en forme d'œuf, préfigurant en quelque sorte le personnage d'Hercule Poirot, avec toutefois une différence notoire : il n'a pas de moustache !

Le point de vue développé par le curieux bonhomme est manifestement celui d'un mathématicien. Voyons en quoi. La question qu'Alice aborde avec lui est celle du sens que l'on peut donner aux mots. La plupart des mots ont un sens dit courant, plus ou moins accepté par tous mais dans les faits, assez flou - plusieurs individus différents peuvent donner des significations, des acceptions plus ou moins distinctes au même terme. L'idée développée par notre crâne d'œuf est que l'on peut en fait donner n'importe quel nom à n'importe quel objet. Reprenons le dialogue original :

"I don't know what you mean by 'glory'," Alice said.

Humpty Dumpty smiled contemptuously, "Of course you don't - till I tell you. I meant 'there is a nice knock-down argument for you!'"

"But 'glory' doesn't mean 'a nice knock-down argument'," Alice objected.

"When I use a word", Humpty Dumpty said, in rather a scorn full tone, "it means just what I choose it to mean - neither more nor less."

"The question is," said Alice, "whether you can make words mean so different things."

"The question is", said Humpty Dumpty, "which is to be the master - that's all[3]".

---

3 Un extrait dont voici une traduction personnelle :
« Je ne sais pas ce que vous voulez dire par 'gloire' » dit Alice.
Humpty Dumpty sourit d'un air méprisant, « Évidemment ! tu ne le sais pas, jusqu'à ce que je te l'explique. Je voulais dire : 'Voilà un bel argument renversant !' »
« Mais, 'gloire' ne signifie pas 'un bel argument renversant !' » lui objecta Alice.
« Quand moi, j'utilise un mot », déclara Humpty Dumpty d'un ton plein de mépris, « il veut dire exactement ce que je choisis qu'il veuille dire, ni plus ni moins ».
« La question est », dit Alice, « de savoir si vous pouvez contraindre les mots à vouloir dire des choses différentes ».
« La question est », dit Humpty Dumpty, « de savoir qui sera le maître, un point c'est tout ».

Les deux dernières répliques sont fondamentales, car pour Alice, *« La question est de savoir si vous pouvez contraindre les mots à vouloir dire tant de choses différentes »,* alors que pour Humpty Dumpty, *« La question est de savoir qui sera le maître, un point c'est tout. »*

Le Kid est rigoureusement du même avis. Il se veut le maître absolu des termes qu'il utilise. Dans *Rodéo Blork* (KP.06.28), on le retrouve, une fois n'est pas coutume, jouant au *Scrabble* avec sa sœur. Cela lui était déjà arrivé (KP.04.20).

Malheureusement pour lui, les tirages du gamin lui sont rarement favorables. Mais les circonstances vont l'aider. Voilà que l'équipe de chercheurs du Professeur Von Blurp vient de découvrir une nouvelle particule élémentaire. Au passage, remarquons que le premier tableau noir représenté (celui de la case gauche) est couvert de formules mathématiques. Il doit sans doute s'agir de formules savantes de physique mathématique, laquelle est parfois fort différente de la science des mathématiciens. Le sujet sera abordé plus loin.

Chacun planche alors sur le nom que l'on pourrait donner à l'entité nouvelle. Silence dans l'auditoire. Seul le courageux Kid propose une solution originale qui est immédiatement adoptée, les dictionnaires reprenant illico l'étonnant nom de baptême de la particule dans leurs colonnes.

Par un hasard extraordinaire, le nouveau mot correspond très exactement au tirage du Kid qui pourrait enfin réaliser un scrabble. Quoiqu'il semble plus que douteux que celui-ci soit validé par Carole.

Mais revenons aux propos de Carroll (pas la sœur du Kid : le mathématicien-poète). En matière linguistique, il faut savoir qui décide. Et dans son domaine créatif, le mathématicien est seul maître de la notion qu'il introduit, et le choix du champ lexical lui appartient tout entier. Mais appréhende-t-il toujours suffisamment les conséquences de ses choix ? La question mérite d'être posée.

Il n'est pas rare en effet que les matheux s'amusent à se resservir de mots du langage courant pour les charger d'une signification parasite, totalement étrangère à leur sens premier. Pensons aux notions mathématiques d'ensemble, de groupe, de corps, de champ, de relation, de matrice, j'en passe et des moins connues. Tous sont des objets mathématiques neufs et bien précis, qui furent sournoisement baptisés d'un nom courant, bien connu du grand public, histoire de créer la confusion dans l'esprit de ces simples mortels non-mathématiciens. C'est ce que l'on peut appeler le risque de « méta-compréhension » bien présent dans l'univers scientifique et, surtout, mathématique. Voyons de quoi il est question.

En mathématiques, en physique, en chimie, le recours à un langage exact et clair, utilisant exclusivement des concepts préalablement définis, est indispensable à la transmission rigoureuse de résultats précis à la teneur univoquement définie. La rigueur de la pensée scientifique ne peut se passer d'une telle exigence. Mais lors de l'introduction et de la définition de concepts mathématiques nouveaux, créés par les cerveaux actifs des chercheurs, le choix lexical n'est pas neutre. Certains mathématiciens jouent sur l'ambiguïté des termes choisis, allant jusqu'à construire un système syntaxique complet qui prolonge le langage usuel de manière troublante. Cette attitude n'est pas sans effet sur le niveau de compréhension des résultats par le grand public, introduisant sournoisement un sous-niveau de compréhension.

Ce n'est pas l'opinion du prix Nobel d'économie (appellation abusive) Maurice Allais dans un article que l'on peut considérer comme son ultime testament scientifique (« Les lignes directrices de mon œuvre », *Actualité économique*, Volume 65, numéro 3, septembre 1989, page 336). Car le but essentiel des maths, c'est de comprendre.

« *Les mathématiques ne sont et ne peuvent être qu'un outil, et tous mes travaux sont inspirés par cette conviction que dans leur utilisation les deux étapes vraiment fructueuses de la démarche scientifique sont, d'une part l'examen approfondi des hypothèses de départ, et d'autre part, la discussion de la signification des résultats obtenus au regard des données empiriques. Le reste n'est que calcul tautologique qui n'a d'intérêt que pour le mathématicien, et la rigueur mathématique des raisonnements ne saurait en aucun cas justifier une théorie fondée sur des postulats si ces postulats ne répondent pas à la nature réelle des phénomènes étudiés. En aucun cas l'emploi des mathématiques les plus élevées ne doit être considéré comme une garantie de qualité. Les mathématiques ne sont et ne peuvent être qu'un moyen d'expression et de raisonnement. Il faut absolument éviter le développement d'un appareil mathématique complexe lorsqu'il n'est pas strictement indispensable* ».

Les transferts de champs lexicaux se font dans les deux sens. Car on observe aussi un passage du jargon scientifique vers le langage courant. Les notions matheuses les plus transparentes pour le profane sont celles que l'enseignement secondaire privilégie. Tous les termes de la géométrie euclidienne ont acquis droit de cité dans la langue usuelle : c'est le cas des notions de point, de droite, de plan, de parallélisme, de perpendicularité. Sans parler des cercles, des sphères, des cylindres, tous définis avec rigueur mais dont on ne peut trouver au mieux dans le monde réel que des représentations approximatives. Sont également utilisés, mais moins souvent, les termes d'équations, de polynômes (algèbre), de sinus, cosinus et tangente. Ce dernier a donné naissance au faux ami de « pente », avec la pente de 100 % qui représente l'angle de 90° dans la langue usuelle et de 45° en trigonométrie.

Il est donc impossible de séparer l'ensemble des éléments du langage mathématique en deux sous-ensembles d'intersection vide comprenant respectivement les mots et expressions du langage courant et d'autre part les termes savants. Ces deux ensembles dépendent du contexte, du niveau socio-culturel des personnes concernées et illustrent magnifiquement la notion d'ensembles « flous », un terme dont les significations usuelle et mathématique ne coïncident évidemment pas.

Le transfert d'un terme courant dans le langage mathématique pour désigner une notion nouvelle et généralement abstraite, est fréquent. Ce passage peut par exemple se faire par substantification d'adjectifs. Ainsi, les différents ensembles de nombres sont devenus 'ensemble des naturels', 'des entiers', 'des rationnels', 'des réels' ou 'des complexes', par omission du substantif qualifié « nombres ». Cet exemple n'est pas isolé : en théorie des groupes on introduit les notions de 'neutre' et d''absorbant'. En analyse, les fonctions dérivées et primitives deviennent simplement 'dérivées' et 'primitives'. Des substantifs peuvent également glisser de sens. C'est le cas des notions de *groupe*, de *corps* ou de *champ*, qui désignent dans le langage mathématique des ensembles structurés généralement constitués (pour les néophytes) de nombres munis d'opérations (groupes) comme les opérations arithmétiques, et jouissent de certaines propriétés (champ et corps). Encore faut-il préciser que l'on donne ici au terme « ensemble » son sens mathématique, différent de son sens courant. Dans ce cadre certains énoncés sont clairs et n'autorisent qu'une lecture savante.

Mais c'est loin d'être toujours le cas ! Lorsque le mathématicien Pierre Deligne, complétant les travaux fondateurs de Jacques Tits, travaille en « théorie des immeubles » pour donner des groupes de Lie une interprétation géométrique, et qu'il nous propose le lemme suivant : « *Soit M un mur d'une chambre B. Il existe une et une seule chambre B' mitoyenne à B ayant M pour mur. M est le seul mur qui sépare B de B'* », il est clair que l'on peut donner deux lectures distinctes de sa proposition. La première, rigoureuse et destinée au spécialiste, fait agir des éléments préalablement définis. Mais le lecteur non-mathématicien en tire quant à lui une compréhension parasite dont le sens apparent se révèle totalement distinct du contenu scientifique.

On attribue généralement à Hilbert le propos selon lequel on pourrait en géométrie remplacer « point, droite et plan » par « table, chaise et bock de bière ». Force est de constater qu'il ne l'a pas fait car il est clair que pour ces notions, des liens étroits unissent les concepts intuitifs, usuels aux définitions rigoureuses des mathématiciens. Qu'en est-il des notions abstraites de « murs, cloisons, appartements, chambres » en théorie des immeubles ? Peut-on affirmer que les notions couvertes par les termes utilisés soient totalement indépendantes de leur sens usuel ? On doit se demander quelle aide le choix particulier des mots peut apporter à la compréhension des concepts, quels liens il existe entre la lecture du mathématicien et celle, parasite, du non-spécialiste. Quel est donc le but poursuivi par les créateurs de concepts nouveaux ?

Et l'on comprend dès lors pourquoi le Petit Barbare demeure (presque) toujours muet.

Les mathématiques : des modèles de réussite sociale

Assez curieusement, et de manière paradoxale, ces mêmes mathématiques honnies de tous sont également associées à une certaine forme de réussite sociale. L'ingénieur est encore un modèle à peine obsolète de « gendre idéal ». Notre Kid n'échappe pas au formatage. Le voilà cauchemardant à souhait en s'imaginant plus âgé dans la peau d'un de ces intellos dignes uniquement de son mépris. (KP.08.26)

Une fois encore, l'étude et le sérieux s'identifient à la maîtrise des mathématiques : les ouvrages consultés par notre « intello Kid » portent tous la mention « math ». Avec une petit plus encore pour un manuel pompeusement intitulé « j'aime les maths » et un autre mentionnant explicitement « math niveau sup » (toujours au singulier). Rien à voir donc avec le film *Comment j'ai détesté les maths*, ce documentaire français réalisé par Olivier Peyon et qui sorti en novembre 2013. Cocorico ! Le film fut nommé aux César 2014 du meilleur film documentaire. Mais peut-être est-ce parce que les votants n'avaient pas compris qu'il entendait précisément démontrer la thèse opposée...

Nature profonde des mathématiques

La notion de modèle et, plus précisément, celle de modèle mathématique

Avant d'aller plus loin, il est indispensable de s'interroger sur la nature profonde des mathématiques et plus spécifiquement sur la notion particulière qui va être largement développée dans la suite : celle de « modèle ». Ceci n'est pas nécessairement évident à faire. Procédons donc par touches successives.

Avant de commencer, je ne résiste pas à l'envie de citer d'emblée certains propos de Jean Mawhin, mathématicien belge né en 1942, professeur à l'Université Catholique de Louvain, et scientifique hors pair de réputation internationale qui n'hésite pas à faire de la très bonne vulgarisation. Le cas est assez rare pour qu'on l'en remercie. Nous avons un immense besoin de grands vulgarisateurs. Lors d'une des séries de conférences que j'ai organisées[1], il n'a pas hésité à proclamer :

La modélisation mathématique est un art difficile, proche peut-être de celui du caricaturiste. Il faut obtenir un maximum de ressemblance en un minimum de traits. Il faut savoir négliger a priori ce qui sera a posteriori négligeable.

Nous aurons à repenser au contenu de ce petit texte à plusieurs reprises dans la suite et pourrons en admirer la pertinence. Retenons essentiellement ceci : *modèle = caricature*. Nous ne sommes pas loin de l'univers de la bande dessinée. J'ai cité Jean Mawhin en le qualifiant de « grand vulgarisateur ». Le processus de vulgarisation d'une théorie scientifique s'apparente lui aussi à une certaine forme de caricature. Il convient de simplifier les propos, de les dégager d'un formalisme inaccessible au grand public, mais de donner malgré tout des résultats obtenus par les scientifiques, dans une version simultanément compréhensible et rigoureuse. On n'est pas loin de la quadrature du cercle[2].

Mais pourquoi aurait-on besoin de modèles ?

---

1 Il s'agit du colloque « Mathématiques et biologie », https://urem.ulb.be/Mathematiques-et-biologie.

2 Remarquons ici comme le vocabulaire mathématique a bien intégré le langage courant…

Dans la vie courante, nous sommes tous, souvent, amenés à devoir prendre des décisions. Comment s'opère ce processus de prise de décision ? Le plus souvent il est inconscient et pourrait même paraître irrationnel. En fait, les choses sont à la fois plus complexes et beaucoup moins mystérieuses. Notre cerveau va tout d'abord identifier le problème à résoudre puis l'analyser en détail. Il ne va pouvoir le faire qu'en fonction de l'information dont il dispose. Cette information lui parvient au travers de nos sens. Celle-ci est forcément partielle et en plus, notre cerveau ne va retenir et stocker qu'une partie de l'information qui lui arrive. L'information retenue est synthétisée par des schémas encodés dans nos réseaux neuronaux selon notre culture, nos référents, notre expérience, notre vécu, et à partir desquels notre système cérébral va proposer une action. Notre cerveau doit donc élaborer une représentation mentale du problème, le résoudre dans le cadre de cette représentation mentale et ensuite transposer sa solution dans le domaine réel. Il faut donc s'interroger sur la nature de cette représentation mentale, de ce « modèle », sur ses liens avec le réel, pour être en mesure de comprendre le processus de décision. Mais on peut d'emblée en être sûr : notre cerveau est une machine à créer des modèles, et donc à faire des maths. Qu'on le veuille ou non, qu'on en soit ou non conscient. On qualifie aussi souvent l'activité mathématique d'activité abstraite. Il convient de définir ce que l'on entend par là. Et puis ? Finalement ? Peut-on parler d'abstraction de manière concrète ?

La question mérite d'être posée puisque dans le langage courant, abstrait et concret passent souvent pour deux notions opposées. En réalité, les choses sont plus subtiles. Les dictionnaires ne s'y trompent d'ailleurs pas et, même si les définitions d'abstraction diffèrent de Robert à Larousse en passant par Hachette, toutes font référence au même concept de mise en évidence de propriétés générales d'une catégorie d'objets, par opposition cette fois aux particularités de certains d'entre eux. Une chose semble donc transparaître : il pourrait s'agir d'un processus mental, quoiqu'aucun des dictionnaires consultés ne fasse référence explicitement au cerveau. Et pourtant... l'enfant qui aura vu dix chats différents va reconnaître le onzième et l'identifier comme un chat, même s'il n'a ni la même taille, ni la même couleur, ni exactement la même forme que tous les précédents. Il est difficile d'imaginer que ce processus d'identification, d'abstraction de la notion « chat », ne soit pas la résultante d'un travail cérébral. On peut donc identifier le cerveau comme le moteur de l'abstraction, développant notre capacité à saisir et conceptualiser des similarités et des différences, le tout menant à la représentation symbolique de concepts.

Cette capacité n'est pas l'apanage de l'être humain. Tetsuro Matsuzawa, professeur à l'université de Kyoto, étudie les chimpanzés de Guinée-Conakry dans leur milieu naturel depuis des années. Ces proches cousins de l'homme sont confrontés à plus de 600 espèces végétales dont ils consomment à peu près le tiers. Pour chaque espèce, seules certaines parties sont consommées, fruits, feuilles, jeunes tiges, pousses ou écorces, qu'il convient de reconnaître, alors que chaque arbre, chaque plante est différente des autres. La construction d'images mentales, c'est-à-dire d'abstractions est donc absolument nécessaire à leur survie. Ces considérations nous amènent enfin à la définition selon laquelle l'abstraction serait le résultat d'une opération de sélection d'un ou plusieurs éléments d'un tout, de manière à les considérer en eux-mêmes, le concret se rapportant par contre à la réalité prise dans sa totalité.

Et en mathématiques, me direz-vous ?

Observons tout d'abord (et cette remarque s'adresse surtout aux mathématiciens) que le mécanisme général d'abstraction tel qu'il vient d'être défini est très proche de la notion mathématique de classe d'équivalence.

Comment se construisent les abstractions spécifiquement mathématiques ? Il semble admissible d'accepter que le point de départ de pas mal de concepts matheux ait une origine concrète. C'est le cas des nombres et de la géométrie euclidienne. Mais très vite, les objets dits « abstraits » (à moins bien sûr qu'il ne s'agisse d'objets appartenant à un autre type de réalité) qui dérivent de ces réalités tangibles vont se fondre dans leur notation symbolique, pour se relier et conduire à de nouveaux objets tout aussi abstraits aux relations de plus en plus complexes et éloignées des réalités qui furent à l'origine des premiers objets. La spirale de l'abstraction semble alors infinie. Elle s'écarte donc inéluctablement de plus en plus des non-mathématiciens.

Et pourtant. Selon la pédagogue italienne Maria Montessori (1870 - 1952), l'esprit des mathématiques ferait partie de ce qu'elle identifie, dans son dernier opuscule datant de 1949, comme « l'esprit absorbant de l'enfant », à savoir une « capacité innée d'abstraire, de raisonner, de chercher, d'imaginer, de calculer, de mesurer et de faire preuve de décision ». Tous les humains seraient donc capables d'accéder aux abstractions mathématiques ? Avant de poursuivre, interrogeons-nous : quand on parle d'abstraction mathématique, de quoi parle-t-on ? Il semble que mathématiciens et neurologues ne soient pas toujours d'accord quant à la nature des objets dont il est question. Ainsi, dès 1989, a-t-on assisté à une confrontation entre le mathématicien Alain Connes et le neurologue Jean-Pierre Changeux, qui a donné naissance au livre passionnant *Matière à pensée*. Si le mathématicien défend l'idée d'une existence propre des objets mathématiques, le neurologue les situe clairement et exclusivement dans nos cerveaux. Qui a raison ?

Des réponses sont apportées actuellement à cette question légitime et elles sont plutôt étonnantes. Les expériences menées par Stanislas Dehaene (Professeur au collège de France) et Marie Amalric (chercheuse en neuro-imagerie cognitive à l'INSERM-CEA) ont de quoi surprendre. Selon eux, « La pensée mathématique serait indépendante du langage. Elle préexisterait même à l'acquisition du langage et l'apprentissage proprement dit des mathématiques ». Selon ces chercheurs[3] :

3 Voir l'article *A distinct cortical network for mathematical knowledge in the human brain*, publié sur https://pubmed.ncbi.nlm.nih.gov/30611876/ (traduction de l'auteur).

Les résultats révèlent que l'activité cérébrale au cours de la réflexion mathématique professionnelle épargne les régions cérébrales liées au langage périsylvien ainsi que les zones du lobe temporal classiquement impliquées dans la connaissance sémantique générale. Au lieu de cela, la réflexion mathématique recycle les régions temporelles intrapariétales et ventrales bilatérales impliquées dans le sens élémentaire des nombres. Même la simple récupération des faits, comme se rappeler que « la fonction sinus est périodique » ou que « les bus de Londres sont rouges », active des zones dissociées pour les connaissances mathématiques par rapport aux connaissances non mathématiques.

Mathématiques et langage courant sont donc totalement distincts dans le cerveau. Toujours selon les deux chercheurs, « une séparation complète a été observée entre le traitement cérébral des affirmations mathématiques et le traitement cérébral des affirmations non-mathématiques ». Une partie spécifique de notre cerveau contiendrait l'ensemble des abstractions mathématiques. Et, cela ne serait pas l'apanage de quelques spécialistes : tous, nous en serions dotés ! Mais nos deux neurologues nous livrent encore une autre de leurs conclusions : « les observations suggèrent que l'expertise mathématique de haut niveau et le sens des nombres de base partagent des racines communes dans un circuit cérébral non linguistique » Tous nos cerveaux sont donc conçus pour faire des maths !

Mais tout cela est-il tellement surprenant ? Les travaux des mathématiciens du début du XXe siècle ont mis en évidence la structure axiomatique de tout l'édifice mathématique. Pour éviter de sombrer dans le piège des définitions auto-référentes, les axiomatiques ont été construites sans définir les notions de nombres, de points, de droites, mais simplement en supposant l'existence de ces objets et l'existence de relations entre eux. Et cela a suffi pour construire la théorie des ensembles, la théorie des nombres, la géométrie... Les mathématiques sont donc constituées d'objets non définis entre lesquels des relations sont supposées exister. Tout comme notre cerveau se trouve constitué de cellules (les neurones) interconnectées (synapses), c'est-à-dire en relation. Nos mathématiques et nos cerveaux ont exactement la même structure. Nous y reviendrons. Ce que nous nommons des « abstractions » ne sont donc en fait que les interprétations que nous donne notre cerveau de réseaux neuronaux bien concrets et bien réels.

Face à chaque problème que nous pose notre existence, notre cerveau va donc s'évertuer à construire des modèles adaptés à la situation problématique qu'il a identifiée et cela en tenant compte des données expérimentales recueillies et/ou des hypothèses émises. Il est fait pour cela ! Les êtres humains se sont toujours efforcés de s'adapter de la façon la plus adéquate possible à leur environnement, et de ce fait se sont sans cesse interrogés sur le monde dans lequel ils vivent. Les mathématiques sont probablement nées de la volonté de comprendre et de se représenter l'univers ambiant afin de pouvoir agir sur le monde, de pouvoir le gérer afin de le rendre plus accessible et plus agréable.

Mais ce processus de modélisation est loin d'être évident à cerner. L'information dont on dispose lorsque l'on se trouve face à un problème est toujours partielle. Pire, une partie de cette information est souvent sans intérêt. Il convient donc de faire le tri. Il faut sélectionner les informations qui ont un sens et combler les manques informatifs au moyen d'hypothèses raisonnables. Une fois dans le monde abstrait, mathématique, il sera trop tard : les simplifications seront faites, qu'elles soient pertinentes ou non. Et la solution proposée sera ou ne sera pas pertinente.

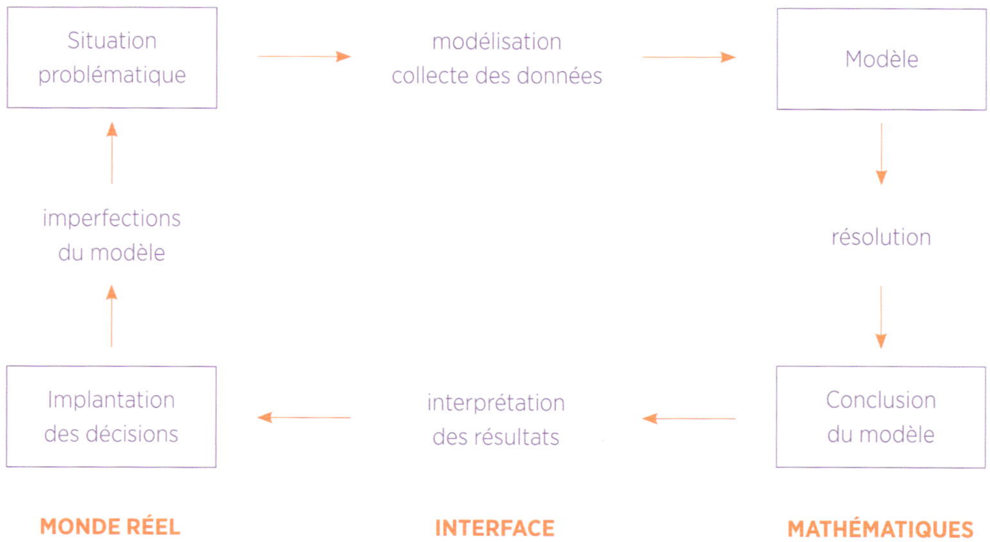

Une représentation mathématique cohérente et adéquate va alors permettre de résoudre le problème dans un cadre formel et conduire à tirer des conclusions utiles à partir du modèle. Il faut alors interpréter les résultats et implémenter les décisions concrètes qui en découlent. Vient ensuite la phase de recherche d'éventuelles imperfections du modèle et, lorsque c'est nécessaire, le recommencement du processus complet à partir d'un modèle amélioré. Schématiquement, ce processus est décrit par ce diagramme qui montre que la modélisation mathématique constitue une interface entre le monde réel où se pose le problème et les mathématiques qui permettent d'y apporter une solution[4].

Si l'usage de modèles mathématiques est fort ancien, l'emploi du terme « modèle » lui-même est beaucoup plus récent. D'après le mathématicien Bertrand Hauchecorne[5], il aurait été construit au XVIe siècle à partir du mot italien *modello*, lui-même issu du latin populaire *modellus*. Ce dernier terme est une en fait une variante du latin classique *modulus*, qui se trouve être un diminutif de *modus* signifiant tout simplement la mesure. Quel chemin parcouru.

---

4 *Modèles mathématiques en gestion*, Jacques Bair, Yves Crama, Valérie Henry et Daniel Justens. Cassini. 302 p.
5 *Les Mots & les Maths*, Bertrand Hauchecorne (2003), éditions Ellipses, Paris.

L'expression aurait été introduite par celui qui fut surnommé le « prince des mathématiciens », à savoir Carl Friedrich Gauss, vers 1801. D'après le Robert historique de la langue française[6], son sens primitif est celui de « moule » et serait d'origine artistique, désignant alors un sujet à représenter sur une peinture ou une sculpture, ou parfois dans le sens commun de « modèle réduit », c'est-à-dire de représentation en petit de ce qui sera reproduit en grand. Mais on peut s'interroger : le modèle est-il une réduction de la réalité ou certaines réalités ne peuvent-elles pas s'avérer de monstrueux agrandissements d'un modèle ?

Avant de poursuivre, interrogeons-nous. Qu'en est-il de la notion de modèle comme représentation réduite de la réalité dans l'œuvre de Midam ? Le voilà qui nous présente le Petit Barbare traversant un désert ardent sous un soleil de feu (GO.01.25). La canicule a des effets irrémédiables. La soif ne tarde pas à le tenailler. Voici qu'il se trouve en présence d'une énorme carafe remplie d'une eau fraîche et limpide.

Le héros n'hésite pas et assouvit son besoin de liquide en la vidant d'un trait. Et le voilà donc reparti à la recherche de la sortie de ce monde peu engageant.

Hélas ! La consommation de grandes quantités de liquide a, on le sait, des effets physiologiques bien connus et voilà notre petit héros en quête d'un lieu discret dans lequel il pourra satisfaire ses obsédants besoins naturels (GO.01.26).

Le choix est délicat car deux options s'ouvrent bientôt à lui : à gauche la représentation usuelle des lieux d'aisance sous la forme d'une petite silhouette noire, à droite le panneau tant espéré, qui désigne la sortie avec la mention « *exit* ».

---

6 *Dictionnaire Historique de la langue française* - Coffret en 3 volumes, Alain Rey, 4 416 pages, 2019.

La nature a ses exigences qui vont peut-être déterminer les choix du petit bonhomme…

Revenons un instant à la notion de modèle. La signification du mot s'est transformée progressivement. Au XIXe siècle, son sens s'est modifié notamment sous l'influence du processus grandissant d'industrialisation en série : un modèle devint alors un moyen de caractériser un type d'objet manufacturé, ce qui doit faciliter la livraison à un client d'un produit conforme à une commande. Puis, dès le début du vingtième siècle, *modèle* est employé pour désigner un système abstrait représentant certaines structures d'une réalité ; le modèle devient alors ce qui permet de styliser le réel, d'en rendre saillants les traits majeurs, conformément aux usages actuels en physique ou en économie.

L'emploi scientifique du mot n'apparaît qu'en 1952 dans le langage des cybernéticiens. On arrive donc enfin tout doucement dans le monde informatique, dont les développements vont amener à la création de l'univers des jeux vidéo qui nous occupe ici ! Le terme se répand alors rapidement dans divers domaines y compris les sciences humaines comme l'économie, la sociologie, la linguistique, la gestion. De cet emploi dérivent les termes aujourd'hui courants de *modéliser*, ou de *modélisation*[7]. Ces derniers sont donc beaucoup plus récents qu'on ne pense généralement. Dans le courant de la seconde moitié du XXe siècle, la recherche de formalisme en mathématiques a probablement contribué à utiliser *modèle* pour désigner toute structure qui vérifie les axiomes d'une théorie.

Retour au pauvre Petit Barbare dont l'univers virtuel créé et renouvelé sans cesse par Midam réserve (et réservera) toujours de multiples surprises. À la définition du modèle comme *représentation en petit de la réalité*, le dessinateur va substituer un réel qui se révélera plutôt comme une représentation en grand du modèle.

Notre héros pouvait-il se douter que le jeu introduirait en fait, en grandeurs réelles, une représentation géante de son modèle réduit ? Sans doute pas, pour son malheur. Car la sympathique silhouette noire représentée en miniature et évoquée plus haut ne symbolisait pas les lieux d'aisance tant espérés, mais bien la réduction, le modèle en quelque sorte, d'une figure gigantesque qui n'hésitera pas à écraser le héros du jeu (GO.01.26).

7 Ils sont attestés entre 1970 et 1980.

Ce jeu du modèle réduit d'une réalité parfois terrible se retrouve à de multiples reprises dans l'univers virtuel de notre petit bonhomme. Dans *Game Over* 6, *Sound of Silence*, dont le titre n'est pas sans évoquer une superbe chanson de Simon et Garfunkel (dans ce curieux duo, analogue à celui du Kid et du Petit Barbare, qui était l'avatar de l'autre ?), le héros virtuel se retrouve devant le grappin d'une quelconque baraque foraine. Dans la machine à pince, de nombreux Blorks, ces êtres hideux hantant la plupart des univers du Petit Barbare, se retrouvent aux côtés de la Princesse (GO.06.05). Enfin, d'une représentation de la Princesse. Le héros n'hésite pas et, comble d'adresse de sa part, permet au grappin de saisir la Princesse et de la sortir de sa prison de verre. La voilà qui tombe dans sa main. Hélas ! Quelle n'est pas sa déception lorsqu'il se rend compte que le grappin de la foire n'était que le modèle réduit d'un grappin géant qui suivait les mouvements de son double minuscule, et qui avait donc happé la frêle jeune fille pour la lâcher à bonne hauteur du sol. On devine la suite.

Game Over, Tome 6 de Midam, Adam et Patelin. © Éditions Glénat.

Eh oui ! L'ordre naturel des choses s'inverse parfois. Et l'élaboration d'un modèle peut alors engendrer une réalité qui sans lui serait demeurée dans le néant. C'est le cas également dans *Game Over* 7 (GO.07.33). Voici le petit héros perplexe devant une toile blanche en constatant que chaque trait de couleur qu'il y trace se concrétise immédiatement. De là à réifier sa princesse et la sortie salvatrice du jeu, il n'y a qu'un coup de pinceau à donner, ce dont notre petit personnage ne se prive pas.

Quel rapport avec notre vie quotidienne me direz-vous ? Sans doute aucun car on peut difficilement imaginer que ce type de procédé puisse en aucun cas être transposable dans notre concret. Comme s'il suffisait d'imaginer et de représenter un objet pour qu'il devienne réel ! Cela semble impossible ! Impossible ? Peut-être pas !

En réalité, c'est très exactement ce qui s'est passé dans le monde de la finance dans le courant des années 1990 et suivantes. C'est précisément la production de modèles mathématiques de méthodes de valorisation de nouveaux produits financiers qui a permis leur création ex nihilo et leur mise sur le marché. La réalité a donc suivi la modélisation. Et aujourd'hui, le marché financier est constitué dans sa majeure partie de produits financiers étranges mais bien réels qui n'ont pu voir le jour que grâce à une construction mathématique très sophistiquée : le célèbre modèle de Black et Scholes qui valut à l'un de ses auteurs, Myron Scholes, le prix Nobel d'économie en 1997, deux ans après la mort de Fisher Black. Des modèles de plus en plus sophistiqués sont depuis publiés régulièrement. Il semble donc exclu d'aller vers plus de transparence, car les hypothèses implicites à l'élaboration de ces modèles et à leur calibrage sont généralement peu diffusées.

Pour mémoire, rappelons que la célèbre (?) formule de Black et Scholes permet le calcul de la valeur d'une *option*. Une option sur un produit financier ou tout autre produit (monnaie, marchandise, taux de change...) est un droit : celui d'acheter ou de vendre ce produit à un moment donné à un certain prix sous certaines conditions. La question est alors : comment valoriser un droit ? La réponse proposée en 1973 par Black et Scholes fut construite sur base d'hypothèses idéales, – encore que non observées empiriquement – et a conduit à la mise sur le marché des produits en question une vingtaine d'années plus tard. Mais l'absence de réalisme de certaines des hypothèses implicites au modèle (liquidité du marché, efficience) a littéralement tordu le marché réel. Les conséquences de ces distorsions ont déjà été observées à plusieurs reprises et ont fait les gros titres de la presse. En fait, les effets de levier qui ont été constatés et ont provoqué de retentissantes faillites sont toujours le fait d'utilisations inadéquates du modèle. Elles n'en sont pas la conséquence. Il n'en demeure pas moins que la réification de certains modèles peut engendrer des catastrophes.

Les réalités augmentées dans un univers virtuel ont très exactement les mêmes propriétés que la représentation qui leur a donné le jour. Revenons encore une fois à notre Petit Barbare qui avait donné vie à sa dulcinée d'un simple coup de pinceau (GO.07.33). La disparition du dessin sous l'effet du champagne impétueux, sabré pour fêter son apparition, engendrera illico celle de sa réalité correspondante. Plus de dessin, plus de princesse ! Le lien avec le monde de la finance reste fort : la disparition d'un sous-jacent engendre nécessairement la disparition de tous ses dérivés. Avec parfois aussi des conséquences calamiteuses.

Dans le monde virtuel du Petit Barbare, la réification d'entités virtuelles peut rapidement devenir cauchemardesque. *Paddle, my name is Paddle* proclame le Kid dans un album dont le titre n'est pas sans faire allusion à James Bond (ce ne sera pas la seule dans la saga). Le Petit Barbare y fait une étrange observation : chaque représentation imagée représentée sur un petit panneau circulaire se transforme aussitôt en réalité (KP.08.15 à KP.08.17).

Il subit en effet successivement pluie diluvienne, neige extrême et coup de tonnerre rugissant. Il décide alors d'utiliser la propriété de réification à son profit en y dessinant ce qu'il imagine être un soleil radieux. Car une représentation picturale peut avoir plusieurs interprétations. Et du modèle conçu à la réalité objective, il y a souvent une marge. Game Over !

Et ceci n'est pas le seul exemple de la réification de la représentation dans les aventures du Petit Barbare. Voici que la Petite Princesse constate avec ravissement que tout ce qu'elle dessine sur un nouveau tableau apparaît magiquement à ses côtés sous forme de réalités (GO.19.17 et 18).

Il ne lui reste plus qu'à esquisser son sauveur pour que celui-ci apparaisse dûment armé pour la protéger des Blorks furieux.

Et le Petit Barbare ne se prive pas d'écraser littéralement une horde de monstres agressifs. Et de deux, de trois, de quatre ! De cinq !

Et la Petite Princesse de noter les scores...

Sans se douter le moins du monde des conséquences et des effets de ses actes.

Car le sortilège continue bien évidemment. Qui pouvait raisonnablement en douter ?

EXIT
POP
couic! couic!
POF
BLORK!
couiiic couiiic
BLORK!
POF
BANZAÏ
BLORK!
SMASH
BLORK
SBROOMMM
KAÏ
G741A.

BLORK
BLORK
SCHMOK
BLAF!!
BROM BROM BROM
couic couic couic couic couic
PFIOUUU
POF
?
TCHAC!
OUPS!
GAME OVER
couic
TART-PEN
6741 B MIDAM-ADAM-PATELIN

Modèles mathématiques dans une optique poppérienne

La définition même de la notion de *mathématique* pose problème. C'est probablement l'une des sciences les moins aimées et les plus mal connues du grand public. Ceci expliquant cela : on ne peut apprécier ce que l'on ignore. Et même dans le cénacle des mathématiciens, on ne propose pas de définition des maths uniformément acceptée par tous. Certains matheux n'ont d'ailleurs de cesse de se réfugier dans une tour d'ivoire, refusant toute forme de vulgarisation. Heureusement, ce n'est pas le cas de tous, loin de là. Dans la première catégorie, le mathématicien français Jean Dieudonné allait même jusqu'à prétendre que[8]:

Si l'on demande « qu'est-ce que les mathématiques ? », ou « que fait un mathématicien ? », il est rarissime qu'on obtienne de l'interlocuteur autre chose qu'une réponse saugrenue s'il n'a pas reçu un enseignement mathématique allant au moins jusqu'à la fin des deux premières années de l'université.

Si l'on passe sur le mépris dont le savant fait preuve ici vis-à-vis des non-mathématiciens, il n'en demeure pas moins que le fond du propos est bien réel : définir correctement la discipline mathématique n'est pas une évidence. De là à affirmer qu'il faut au minimum avoir suivi pendant deux ans des études universitaires pour être à même de commencer à y apporter une réponse, il y a un pas que je me refuse à franchir. Il n'en demeure pas moins qu'un fond de vérité subsiste dans ces propos outranciers. Les maths sont mal connues. Et partant, aussi, mal-aimées.

Le même problème se pose de manière plus générale lorsque l'on tente de donner une définition cohérente de toute activité scientifique. À cela près qu'une solution intéressante a été proposée par Karl Raimund Popper (1902 – 1994), l'un des plus importants philosophes du XXe siècle. Nous allons pouvoir nous inspirer de

8 *Pour l'honneur de l'esprit humain*, Jean Dieudonné, Hachette, 1987, collection « Pluriels », page 15.

ses théories, quitte à vulgariser, car vulgariser n'est pas vulgaire, bien au contraire ! Postposons donc la définition des mathématiques à plus tard. Et concentrons-nous sur la notion de *science* en général. Dans ce domaine, le philosophe autrichien a fort bien déblayé le terrain en introduisant la notion de *falsification*. L'idée est simple : sera considérée comme scientifique une théorie qui peut être réfutée à partir d'observations objectives. Toute proposition appartenant au domaine (encore vague) de la *science* peut et même doit être confrontée aux faits. Contrairement à ce qui est avancé parfois, le falsificationnisme n'est pas un recul mais une avancée significative de notre mécanisme de pensée. On le constate, on est très éloigné de l'univers mathématique dans lequel cette confrontation aux faits est totalement absente. Nous y reviendrons.

Souhaiteriez-vous néanmoins quelques exemples de confrontations aux faits ? Bien volontiers !

Observons le double virtuel de Kid Paddle en pleine confrontation avec la notion de modélisation (GO.19.04). Une fois n'est pas coutume, l'environnement semble paisible car forestier. Un décor d'arbres vigoureux est planté en arrière-plan. Notre héros découvre alors une fiole qui, il n'en doute pas, pourra lui permettre d'échapper aux Blorks. Une étiquette symbolise l'effet magique de la potion. Le Petit Barbare, influencé sans doute par l'environnement, élabore immédiatement tout un modèle des effets du liquide salvateur. Il s'imagine aussitôt transformé en arbre

et voit là un moyen efficace d'échapper à l'attention et donc à l'agression d'un des monstres auxquels il est habituellement confronté.

Il consomme donc en confiance la potion magique... qui le transforme en cuisinier à la silhouette coiffée d'un chapeau tout à fait conforme à l'étiquette. L'arrivée d'un Blork aura les effets attendus. Game Over.

La confrontation aux faits est donc indispensable. Pour qu'un modèle soit validé, il faut procéder à au moins une expérimentation. Mais cela suffit-il ?

L'expérience montre clairement que non. Ce principe est bien illustré dans l'album *Game Over 7, Only for your eyes,* dont le titre est ouvertement inspiré d'un des meilleurs James Bond porté à l'écran (tiens : encore une allusion !). Nous y retrouvons (GO.07.38) le petit héros confronté à un Blork armé d'une hache tranchante. Ce dernier la manie avec une adresse diabolique et, comble de violence, coupe successivement le bras gauche et le bras droit du pauvre Petit Barbare. L'horreur serait à son paroxysme si ce dernier n'avait pas consommé auparavant une potion miraculeuse dont les effets régénérateurs semblent magnifiques : *chaque membre* sectionné réapparaît quasi instantanément. Un modèle peut alors être avancé à partir de ces observations : grâce à la potion magique, *tout* élément tranché se régénère. Ce modèle n'est fondé que sur un nombre limité et pour tout dire fort réduit d'expériences. Il faut donc d'autres observations différentes des premières pour accroître la crédibilité

du modèle. Sera-t-il validé par les expériences suivantes ? Nous n'en savons rien : jusqu'ici les seuls membres tranchés étaient des bras. À partir de ce cas particulier, peut-on tirer une règle générale par raisonnement d'induction ?

Game Over, Tome 7 de Midam © Editions Glénat 2011

La suite de l'aventure nous permet de répondre à cette question. Car le Blork agressif n'hésite pas à décapiter carrément le malheureux Barbare, un travail effectué avec toute la conscience dont il est capable et qu'il accomplit la langue tirée, montrant ainsi la concentration nécessaire à l'opération. Et là, surprise ! à la place de la tête, laquelle gît à présent misérablement à côté du corps du personnage, apparaît, comme précédemment, un bras qui s'agite en vain. Le tout à la grande joie du Blork ! L'expérience a invalidé le modèle. Il nous reste à en proposer un nouveau : grâce à la potion magique, *tout* élément tranché se régénère sous la forme d'un *bras muni d'une main*. On peut se demander à ce stade s'il s'agit d'une main gauche ou d'une main droite. D'après le dessin, on opterait plutôt pour cette dernière proposition, encore que la main gauche tranchée est bien réapparue en tant que main gauche un peu plus haut. Nous voici en présence d'un nouveau modèle, un modèle qui devra lui aussi être soumis à expérience et processus de validation/invalidation. Mais cela fera l'objet de tests ultérieurs qui ne nous sont pas contées ici.

Nous voici donc en présence d'une définition provisoire (devant donc être confrontée aux faits afin d'être validée) de la notion générale de « science ». Pour l'instant du moins, le concept de « mathématique » reste encore flou (provisoirement, rassurez-vous), car il faut bien constater et admettre qu'il ne semble exister aucune définition uniformément acceptée par le cénacle des principaux acteurs dans la discipline. Nous allons toutefois oser quelques propositions argumentées tout en étant loin d'être définitives.

L'un des inventeurs de la logique mathématique fut le mathématicien et philosophe allemand Friedrich Ludwig Gottlob Frege (1848 ~ 1925). C'est lui qui va poser les bases de la réflexion contemporaine en matière de science en distinguant 3 mondes, 3 empires selon ses propres termes : le monde réel, le monde des émotions et le troisième monde, le troisième empire, qu'il a baptisé « Das drittes Reich », et qui est le monde des idées, monde auquel appartiennent toutes les activités scientifiques[9]. Avant cela, il avait développé une axiomatique de la théorie des ensembles qui sera anéantie par les raisonnements de Bertrand Russell, lui-même mathématicien et logicien. Les idées philosophiques de Frege seront formalisées plus tard par Karl Popper[10], qui reprend la pensée de Frege tout en la précisant, et affirme que :

---

9 *Eine logische Untersuchung. Eine Analyse : Der Gedanke, Beitrage zur Philosophie des Deutschen Idealismus*, Gottlob Frege, 1918

10 *La société ouverte*, Karl Popper, Collection « champs - Flammarion » n°318, page 121 (relecture par Popper en 1984).

Le « monde 1 » est notre environnement physique habituel y compris les organismes naturels.

Le « monde 2 » est celui de nos expériences subjectives, le monde de nos espoirs, de nos craintes, de nos pensées.

Le « monde 3 » est le monde des théories en soi, le monde du contenu des livres.

On peut se demander ici dans quels mondes respectifs se meuvent le petit Kid et son avatar. Car aujourd'hui, le contenu des livres a une très nette tendance à devenir celui du numérique, de l'informatique, voire même celui, en apparence virtuel, d'internet. Pour Popper ces trois mondes interagissent mais sont distincts. Cette façon de voir établit une distinction entre le matériel et spirituel, une distinction qui n'est plus nécessaire aujourd'hui comme nous allons le montrer dans la suite.

Ce qui est absolument remarquable dans la pensée de Popper, c'est l'introduction de la notion de *falsificationnisme* que nous avons mentionnée précédemment. Pour le philosophe, l'attitude scientifique se décompose en trois phases successives que l'on doit reprendre en boucle indéfiniment :

- l'élaboration d'une théorie : il s'agit d'émettre une succession d'hypothèses et de construire un modèle hypothético-déductif ou un scénario cohérent. Dans le cadre des deux exemples introduisant le Petit Barbare, les modèles de départ sont simples : la potion ingurgitée le transforme en arbre dans le premier cas, elle permet la régénération des entités tranchées dans le second exemple.
- la confrontation avec les faits : il s'agit de procéder à une succession d'expériences différentes visant à tester les hypothèses émises en confrontant les conséquences observables du modèle avec les résultats effectivement observés. Notre Petit Barbare ingurgite la potion qui le transforme, hélas ! en cuisinier et non en arbre. Dans l'exemple deux, le Blork décapite notre petit héros. Un bras muni d'une main apparaît en lieu et place de sa tête.
- la réfutation ou la conservation provisoire de la théorie et cela en fonction des résultats observés et, surtout, en conservant en permanence un esprit critique. Cette phase est parfois difficile à supporter, car les résultats observés ne correspondent pas toujours à nos attentes. Dans nos deux exemples, le modèle est réfuté car la potion magique ne transforme pas le héros en arbre, pas plus que la seconde ne permet la régénération de tous les éléments tranchés.

En cas de réfutation du modèle initial, un nouveau modèle doit à chaque fois être proposé : dans le cas du second exemple midamien on postulera par exemple que, grâce à la potion magique, *tout membre* tranché chez le Petit Barbare se régénérera sous la forme d'un bras muni d'une main. Ce modèle sera alors à son tour obligatoirement soumis à un nouveau processus de validation/invalidation. On pourrait demander au Blork d'avoir l'amabilité de trancher par exemple l'un des pieds ou l'une des jambes du petit héros pour observer le résultat de cette nouvelle amputation, et valider ou non le nouveau modèle…

Dans cette optique, est donc considérée comme scientifique toute théorie réfutable, tout modèle qui peut être soumis à expérimentation et être validé ou non. Reprenons les termes mêmes du philosophe[11] :

La science se compose de théories qui sont notre œuvre. Nous construisons des théories, nous allons vers le monde avec nos théories. Mais le monde ne nous livre aucune information si nous n'allons pas vers lui en l'interrogeant : nous demandons au monde si telle ou telle théorie est juste ou est fausse.

Ensuite nous soumettons ces questions à l'examen le plus approfondi possible sans jamais parvenir à aucune certitude.

Il faut donc interroger le monde. Et le faire avec attention. Toute information peut s'avérer essentielle et aucune de nos observations ne peut être négligée. Profitons une fois de plus des expériences du Petit Barbare (GO.01.16).

Le voici en présence d'une succession de récipients, sortes de tasses géantes dans lesquelles notre héros espère collecter une série de bonus. Cette hypothèse semble devoir se confirmer dans un premier temps : le passage par le premier bol se traduit par la découverte d'une bourse bien garnie.

Remarquons ici l'évolution graphique. Jusque dans un passé récent, la représentation de l'argent se faisait exclusivement au moyen du symbole $. Aujourd'hui, progressivement, le symbole de l'euro, €, se fait une place au soleil. Et notre Petit Barbare de sauter allègrement dans le bol suivant. Là, nouveau bonus sous la forme d'un

11 op. cit. Page 46.

philtre amoureux que le petit héros saura indiscutablement utiliser à son avantage lors de la rencontre tant attendue avec la princesse chère à sons cœur.

Notre petit personnage construit donc mentalement le modèle « tout bol me permet l'obtention d'un bonus » ou encore, plus synthétiquement : « bol = bonus ». Voyons ce qu'il en est en réalité.

Le lecteur assidu des strips nés sous le pinceau de Michel Ledent aura déjà remarqué que le monde virtuel du Kid n'était pas un monde de bisounours et que les choses ne se passaient jamais comme les petits héros pouvaient l'espérer.

Et en effet, le troisième récipient, loin de distribuer un quelconque avantage se révèle en fait être un abominable mixeur. Notre personnage pouvait-il anticiper et prévoir l'invalidation de son modèle simpliste : « bol = bonus » ?

En fait oui, car la deuxième case de notre gag révélait déjà une subtile différence. Encore fallait-il bien observer les objets. C'est de cela que Popper veut parler quand il évoque le fait que cet examen doit être le plus approfondi possible sans jamais parvenir à aucune certitude.

On peut vérifier en effet, dès le début de la petite aventure, que le pied du troisième bol était visiblement différent des deux premiers. De là à en déduire que le récipient était nécessairement néfaste, il y a une marge... mais il est clair que c'était une option qui devait être envisagée.

Assez curieusement, pour certains philosophes, le falsificationnisme est un mode de pensée réducteur et peu enthousiasmant. Ainsi selon la philosophe Laurence Bouquiaux[12] :

---

12 Entre croyances et connaissances, où se situe l'enseignant ? In CIFEN, *Centre interfacultaire des enseignants*, n° 27, avril 2010, Ulg, pages 29 à 35.

Le falsificationnisme présente l'avantage de reposer sur une démarche logiquement valide. Mais il y a un prix à payer : il faut renoncer à l'idée qu'il existe des vérités scientifiques.

Mais est-ce vraiment un prix à payer ? La seule vraie question que l'on peut se poser est tout simplement : « l'hypothèse de l'existence de vérités scientifiques nous est-elle utile dans notre démarche de tentative de compréhension du monde ? ». En quoi cette hypothèse non réfutable (donc non scientifique) peut-elle nous servir ? Poser la question revient à y répondre. L'hypothèse de la croyance en l'existence de vérités absolues à la recherche desquelles se lancent les scientifiques ne nous permet en rien d'augmenter notre capacité de gestion ou de compréhension de l'univers. Bien au contraire ! Voilà une question que l'on n'a plus à se poser.

Certes, les sciences de la physique et de la chimie se fondent sur des lois, sortes de vérités constatables empiriquement mais nullement démontrables. Car on ne démontre pas la chute des corps sur Terre : on la constate à chaque expérience. Mais la théorie mathématique qui en découle et qui la modélise nous livre quantité de modèles prédictifs parfaitement utilisables et dont les qualités dans la vie courante sont indéniables. Mais que l'on en soit persuadé : une seule expérience contradictoire suffira à relativiser tout l'ensemble !

Par contre, sans l'hypothèse de l'existence de vérités, la démarche scientifique prend tout son sens : les chercheurs et savants tentent de donner la meilleure description possible d'une certaine conception du réel à partir de leurs moyens et de leur information partielle. Ils optimisent la compréhension du monde conditionnellement à leur information. Avec toujours l'espoir d'anticiper, de prévoir le futur.

Le Petit Barbare n'agit pas autrement. Même si la majorité de ses tentatives se soldent par un échec. Avouons ici que la Petite Princesse, qu'il tente à tous les coups d'emmener avec lui vers la sortie, ne lui est pas d'une aide essentielle. Bien au contraire ! Dans l'une des rares planches où elle apparaît seule, on la voit, parcourant la forêt, tentant de retrouver le château légendaire de ses parents (GO.20.43). La silhouette tant espérée des tours du castel lui apparaît enfin et, déjouant la présence d'un Blork, elle se précipite dans la bonne direction. Du moins le croit-elle…

Car le gabarit aperçu correspond en réalité à bien autre chose (GO.20.44).

Sans modèle, nous ne pouvons que subir la réalité sans tenter de la maîtriser. Que nos modèles soient ou non une quelconque représentation d'une hypothétique réalité véritable n'a au fond qu'une importance secondaire, pourvu qu'ils nous soient provisoirement utiles.

Certes notre esprit se complaît à croire que ses productions constituent une partie de la réalité alors qu'elles n'en sont qu'une représentation. Il y a deux décennies, j'ai eu à ce sujet plusieurs conversations avec un médecin[13] qui pratiquait également l'acupuncture. Le cadre théorique de son art lui paraissait totalement non scientifique. Mais il constatait quotidiennement les effets de sa pratique. Un modèle conceptuellement faux peut donner des résultats conformes aux observations.

Ainsi en est-il aujourd'hui encore de certains modèles physiques dans le monde de l'infiniment petit (théorie de la renormalisation par exemple, quand diviser par l'infini donne des résultats mesurables). Subir la réalité sans réagir s'avère toujours fatal comme on le constate dans la plupart des mésaventures du double virtuel de Kid. Sans information, sans modèle, sans compréhension du monde, la seule action possible est la fuite en avant. Inutile. Nous voilà pris dans les filets du destin.

13 Il s'agit du docteur Sylvain Faust, auteur de l'ouvrage : *L'Acupuncture, médecine occidentale ?*

Les mathématiques : des modèles de rigueur et de pureté ?

Nous avons vu que les mathématiques occupent dans l'inconscient collectif une place à part. Elles sont indéniablement considérées comme « le » domaine de la rigueur et de la vérité par une grande partie de la population des non-matheux. Ce qui ne les empêche pas de développer une véritable allergie à la science par excellence. Et dans le cénacle des mathématiciens même, la prétention à la pureté fait office de dogme incontestable ! Notre ami le Kid est sans doute très influençable : sa vision des maths est totalement phagocytée par le formatage universel qui fait des mathématiques un condensé de tout ce qu'il y a d'incontestable mais aussi de plus déplaisant. Ce même formatage présente les mathématiciens comme des êtres différents du commun des mortels, étranges, et dignes tout au moins de notre ostracisme. Il nous faut montrer que cette vision n'est pas la seule.

Modèles descriptifs et modèles prédictifs

L'attitude scientifique débute toujours par une phase d'observation qui doit déboucher sur une succession de prises de mesures. À partir de là, la construction des modèles peut commencer. Dans le cadre du falsificationnisme, les modèles doivent alors être soumis à vérification avant validation. Cette procédure est systématiquement utilisée par notre Petit Barbare. Avec les résultats toujours catastrophiques que l'on imagine !

Quelques exemples ?

Voici que notre héros virtuel se voit offrir une arme inconnue (GO.04.37). Comme souvent dans le monde des jeux vidéo mis en scène par Midam, l'information donnée au joueur est soit partielle, soit carrément manquante. Au Petit Barbare de procéder à moult expériences afin d'en modéliser les effets.

Un casque déposé sur le sol lui permet de procéder à une première expérience. L'arme dirigée vers l'objet le fait disparaître. Il en conçoit immédiatement le modèle : « effet du rayon = disparition de tout objet ».

Son modèle ne va tarder à être soumis à un processus de validation/invalidation radical, puisqu'il se retrouve rapidement face à une troupe de Blorks menaçants et lourdement casqués. Pas d'hésitation à avoir. Il darde donc son rayon destructeur vers la horde ennemie.

Mais, à force d'expériences, nous commençons petit à petit à connaître l'univers pervers des jeux. À quoi faut-il donc s'attendre ?

Mais à la disparition de tous les casques, pardi !

Un modèle plus correct ou en tout cas validé par cette expérience devient : « effet du rayon = disparition de tout casque », ou « effet du rayon = disparition de tout objet métallique ». Pas de chance pour le Petit Barbare !

Un trop petit nombre d'observations peut donc souvent déboucher sur une modélisation inappropriée.

Mais c'est également le cas lorsque l'on interprète mal les observations en question. En voici un exemple dans lequel toute l'information était cependant disponible dès la première observation (GO.08.12). Nous y retrouvons une fois de plus le Petit Barbare en présence d'un émetteur de rayons aux effets inconnus. En bon scientifique, le voici qui teste les effets du rayon Z. Un petit arbrisseau se transforme presque instantanément en un arbre gigantesque et majestueux. Son cerveau fertile en conçoit aussitôt un modèle. Remarquons aussi dans cet exemple que la modélisation du processus de pensée se traduit en images par un ensemble d'engrenages, modèle courant d'un graphisme symbolisant l'enchaînement des idées. Le résultat de ses cogitations ne se fait pas attendre et notre héros construit le modèle : « effet du rayon = agrandissement de tout objet ».

En présence d'un Blork menaçant, et fort de ce qu'il vient d'observer, il s'expose lui-même au rayon de son arme inconnue, espérant un effet de type grossissement comme dans l'univers d'Alice dont nous parlions plus tôt. Mais l'univers virtuel du héros n'est pas un pays des merveilles. Les effets ressentis ne sont presque jamais les effets attendus. Car le résultat du rayon ne se fait pas attendre. Et voilà le Petit Barbare vieilli d'un siècle et s'écroulant sous le poids de l'âge. Le modèle correct était donc : « effet du rayon = vieillissement instantané ». Remarquons que ce modèle aurait pu être anticipé par notre héros. En effet, le jeune arbrisseau n'avait pas été agrandi tel qu'il était. Il avait effectivement été transformé en un arbre probablement plus que centenaire. Le rayon joue donc sur l'écoulement du temps, non sur la structure des objets.

Les exemples de mauvaises interprétations des observations sont légion dans l'histoire des sciences. Mais il y a plus étonnant : aujourd'hui encore, nombre de citoyens du monde n'acceptent toujours pas certaines représentations physiques qui ont pourtant été validées par de nombreuses expériences.

On ne peut donc qu'admirer l'esprit intuitif du premier savant à avoir mesuré le diamètre de la Terre, à savoir ce brave Ératosthène qui vivait au IIIe siècle avant notre ère. Voyons ce qu'il en est. Le savant se rendit compte qu'à Syène, près de l'actuel barrage d'Assouan, le Soleil passait très exactement à la verticale lors du solstice d'été. Il constata également qu'à la même date, à la même heure, mais à Alexandrie (distante d'environ 800 kilomètres), un bâton vertical produisait une ombre. Ces observations le conduisirent à développer le modèle physique bien connu fondé sur les hypothèses suivantes :

H1 : la Terre est sphérique.

H2 : le Soleil est situé à très grande distance de la Terre et ses rayons sont presque parallèles.

H3 : la lumière se propage en ligne droite.

Ces hypothèses se traduisent par la représentation graphique bien connue présentée ci-contre.

Un peu de géométrie élémentaire (angles alternes internes) permit à Ératosthène de calculer le diamètre de la Terre avec une précision remarquable. Il faut dire qu'Alexandrie et Syène sont situées approximativement sur le même méridien

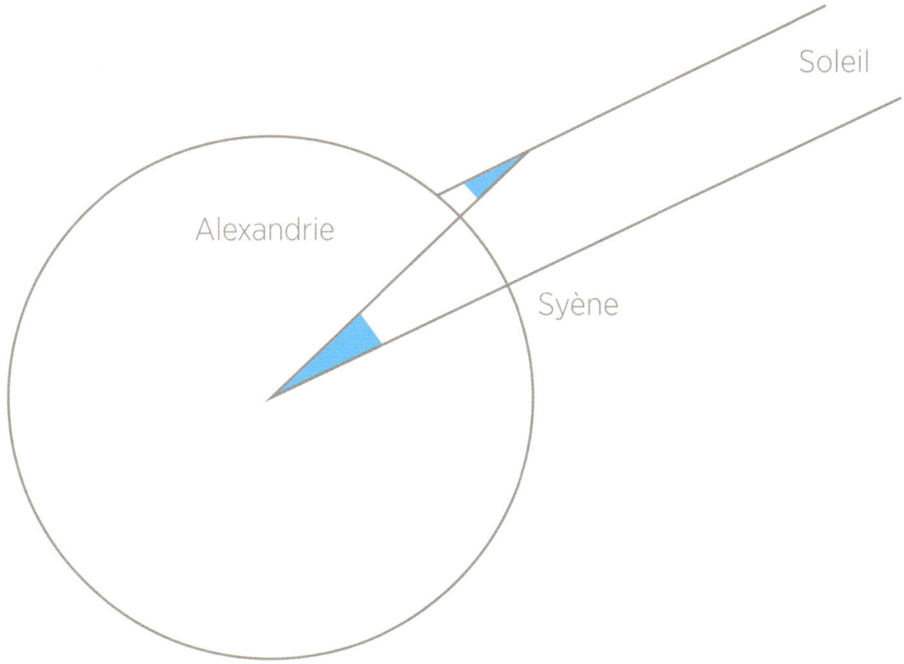

ce qui rend la représentation géométrique plane de la situation à la fois réaliste et surtout très efficace.

Mais une autre représentation théorique était également possible, et parfaitement compatible avec les observations d'Ératosthène. Considérons à présent l'ensemble d'hypothèses :

H1 : la Terre est plate.

H2 : le Soleil est un petit astre situé près de la Terre. Ses rayons ne sont plus parallèles.

H3 : la lumière se propage en ligne droite.

Les conclusions quantitatives obtenues sous ces hypothèses, après utilisation d'une géométrie également élémentaire (triangles semblables) sont relativement surprenantes : le Soleil serait situé à 6 500 kilomètres de la Terre et aurait un diamètre de l'ordre de 65 kilomètres environ (le diamètre apparent du Soleil est de l'ordre de 0,01 radian) !

Les conclusions de cette petite plaisanterie physique sont claires et se révèlent fondamentales : les observations ne parlent pas d'elles-mêmes. Dans le cas d'Ératosthène, les seules observations étaient insuffisantes pour atteindre une description réaliste : il fallait qu'un modèle préexistât au moins dans la pensée du savant !

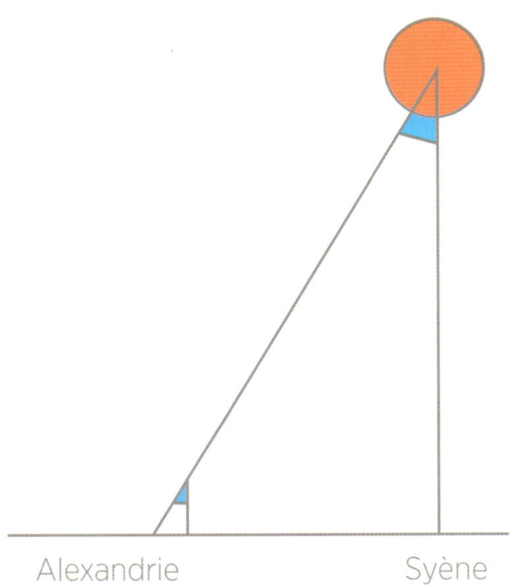

Nous voici peut-être très éloignés des mondes midamiens. Mais pas vraiment. Car le vrai problème se situe très souvent dans le cadre des hypothèses implicites. Celles que l'on fait sans s'en rendre compte avant de construire le modèle. Celles du savant grec étaient pertinentes. Elles auraient pu ne pas l'être. Revenons à notre Petit Barbare (GO.04.15) devant franchir un fossé que l'on devine horriblement profond.

Ses déjà nombreuses expériences passées le conduisent à tester le curieux système de portiques qui jouxtent les deux côtés du ravin. Le voilà qui balance un caillou dans le premier portique. Le caillou se voit doté d'ailes qui lui permettent de franchir l'obstacle sans problème pour pénétrer dans le second portique qui éjecte le caillou initial. Immédiatement le Petit Barbare modélise les effets des portiques. Le premier accroche des ailes qui permettent de voler. Le second les enlève. Mais est-ce aussi simple ? L'expérience unique est-elle suffisante ? Les particularités de l'expérience n'entravent-elles pas les conclusions qu'il en tire ? Qu'importe ! Sûr de son analyse, le vaillant Petit Barbare se précipite néanmoins au travers du premier portique.

Et l'expérience se poursuit. Le premier portique est franchi et le héros se voit effectivement doté d'ailes qui lui permettent de franchir le profond fossé, validant le premier modèle provisoire.

Mais que se passe-t-il ensuite ? Grosse déception pour le joueur. Car le second portique éjecte un assez gros rocher dont la masse doit correspondre à peu de chose près à celle du héros. Le modèle du portique 2 est donc à revoir, car celui-ci n'éjecte que des gros cailloux ! Et une leçon à en retirer : chaque expérience constitue un cas particulier dont toutes les particularités doivent être prises en compte.

Le caractère prédictif d'un modèle n'est pas nécessairement significatif. Un bel exemple nous en est donné dans la planche KP.12.32, parue en 2011 et annonçant une prochaine pandémie. Belle affaire en effet que de prédire une prochaine guerre, un prochain conflit social ou une prochaine tempête. On sait avec certitude que tous ces événements vont avoir lieu. Le vrai challenge est de prévoir quand. Mais cela, c'est une autre paire de manches.

La complexité d'un modèle n'est pas non plus un garant absolu de son efficacité prédictive. Le Petit Barbare va s'en rendre compte (KP.13.38) lorsqu'il se retrouve face à une machine infernale constituée de pistons écrasant brutalement le sol avec une certaine régularité. Le héros, sans doute rompu à la modélisation, noircit alors de larges pans de murs d'équations diverses, optant visiblement pour une représentation sinusoïdale des mouvements des pistons. Sûr de sa solution, il s'élance avec confiance, avec la conséquence que l'on imagine aisément : Game Over !

Big Bang, à l'origine du modèle, s'en excuse auprès du Kid en avouant : « j'ai dû oublier une virgule quelque part ».

BZZZZZ
FLAP
FLAP
FLAP
FLAP
FLAP
FLAP
FLAP
BZZZZZ
POC
POC
BZZZZZZ
FLAP
FLAP
FLAP
FLAP
FLAP
FLAP
FLAP
BZZZZZZ
BOUF
G134
MIDAM - ADAM - HOLYBE
GAME
VER

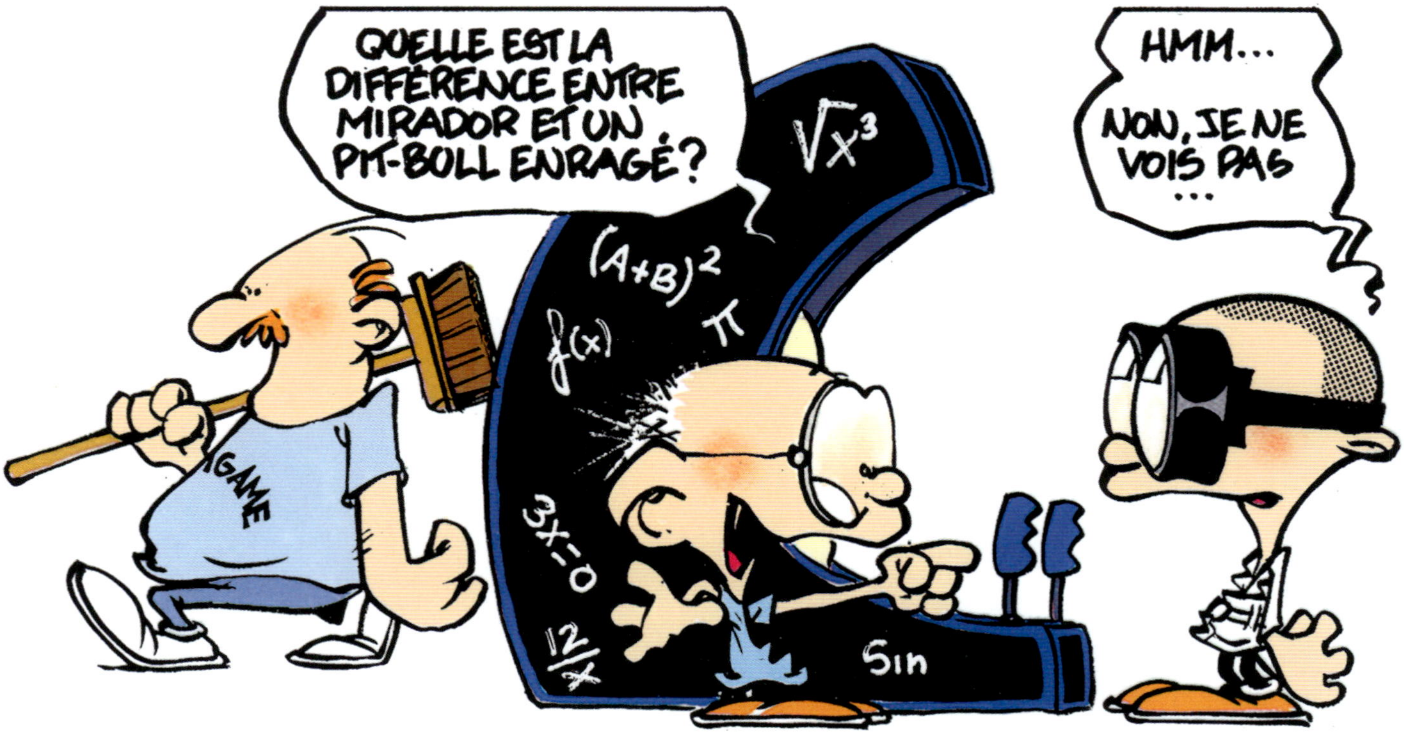

Les mathématiques : des modèles de complexité

Pour beaucoup, les maths sont perçues comme difficiles, voire même comme inaccessibles. Mais il faut s'entendre sur le sens que l'on veut donner à ce terme. Et, sans parler de leur contenu scientifique, il faut bien avouer que le recours à un formalisme systématique ne rend pas l'accès aux mathématiques particulièrement aisé. L'utilisation de symboles particuliers, généralement différents de nos caractères latins usuels ne simplifie pas la lecture des textes mathématiques (KP.03.22 ou KP.04.35). Pour arriver à saisir le sens de certaines propositions, il convient de posséder la clef qui permet d'en décoder le message, une clef que seuls possèdent les initiés, les membres de la secte des mathématiciens.

Cette façon de faire n'est pas propre aux matheux. Les *gamers*[1] ont eux aussi développé un vocabulaire spécifique, qui comprend entre autres les termes d'avatar (comme le Petit Barbare), de combo (combinaison de touches), de guilde (groupe de joueurs) ou encore de Kevin (désignant un débutant) !

Dans l'univers matheux, l'alphabet latin se voit régulièrement complété de caractères étranges (ou étrangers, empruntés à tous les alphabets ou collections de symboles), mais il se retrouve aussi régulièrement altéré d'ajouts incongrus, flèches, tildes, cédilles non usuelles et j'en passe afin d'en modifier le sens, de le particulariser et d'en rendre l'interprétation plus délicate.

Sans décodeur, les affirmations mathématiques sont obscures, incompréhensibles. Et face à elles, notre Kid, qui n'y entrave rien, n'a d'autre solution que d'opiner du bonnet benoîtement. Nul doute que beaucoup de potaches devraient se reconnaître dans notre petit héros. Est-ce là l'une des clés de son succès ! Sans doute mais pas exclusivement !

1 Tout connaître du vocabulaire de gamer (leguidedugamer.fr)

Apports incontestables de la modélisation

Le savoir mathématique serait-il néanmoins utile ? Et l'acquisition des connaissances permettrait-elle vraiment d'accéder à une existence meilleure ?

C'est du moins possible. C'est le cas, en toute bonne foi, dans l'univers virtuel parallèle de *Game Over*. Dans le tome 8 de la série, notre Petit Barbare aurait eu intérêt à potasser davantage ses leçons de calcul mental car le voilà confronté à un choix douloureux (GO.08.27). Il se retrouve face à un tableau blanc (sans doute pour éviter le tableau noir ou vert rappelant trop l'école, quoique le recours aux tableaux interactifs se généralise dans l'enseignement) proposant une opération complexe, puisqu'elle fait intervenir un nombre à 7 chiffres (3 452 775) et la racine carrée de 225 sous la forme résolument désagréable :

$$\frac{3452775}{\sqrt{225}}$$

Deux solutions s'offrent à lui : réfléchir de manière autonome... ou avoir recours à un expédient. Avant d'aller plus loin, remarquons ici que le problème posé n'est pas aussi inaccessible que l'on ne pourrait le penser à première vue.

On peut en effet s'en tirer au moyen d'un raisonnement assez simple puisque le calcul de la racine carrée de 225 est facile à réaliser, éventuellement même par tâtonnement. On vérifie qu'elle est égale à 15. Il s'agit donc de diviser un peu plus de 3 450 000 par 15, ce qui doit nous donner un peu plus de 230 000. En effet, ne considérons dans un premier temps que les multiples de 1 000. La valeur à manipuler est composée de multiples élémentaires de 15, à savoir 3 000 et 450, dont la division par 15 donne effectivement 200 et 30. Le bon chemin vers la sortie se trouve donc identifiable à partir de la simple notion d'ordre de grandeur, d'autant plus que plusieurs solutions sont proposées à notre héros sous forme d'indicateurs fléchés de la sortie tant espérée de ce niveau de jeu : 230 185, 111 207 et 784. Pas de doute à avoir : pour une fois la sortie est accessible, étant indiquée par le premier panneau fléché.

Game Over, Tome 8 de Midam
© Editions Glénat 2012

L'ordre de grandeur : voilà bien une notion qui devrait être enseignée avec soin étant donné l'usage aujourd'hui intensif des calculettes. Mais il y a plus. Tous les problèmes réels nécessitent le recours aux calculs approchés. Il n'y a que dans les manuels de maths que les méthodes de résolutions exactes se révèlent utilisables, car la plupart des équations extraites du monde réel n'ont pas de solution calculable exactement. Curieusement, certains profs de maths ne semblent pas attirés par l'analyse numérique même élémentaire et le calcul d'erreur. J'ai un jour assisté à une conférence étonnante de ce point de vue.

Un collègue présentait une histoire de jet de sac de sable à partir d'un ballon survolant un train en marche. Bref le genre de situation de la vie courante à laquelle chaque élève a certainement assisté un grand nombre de fois. Un problème fondamental pour notre survie et dont les côtés pratiques n'échapperont à personne. La hauteur du ballon était prise à la louche, estimée à 50 mètres, et la constante de gravitation ($g \approx 9{,}81$ m/s^2) était arrondie carrément à 10. La hauteur du train était considérée comme négligeable. Partant de ces « données », voici notre matheux lancé à toute allure dans une succession de calculs présentant un grand nombre de décimales et aboutissant à un point d'impact du sac sur le train calculé au millimètre près. Amusant ? Ou carrément absurde ?

Voyons à présent comment notre Petit Barbare envisage de résoudre son petit problème de calcul mental. Hélas ! Constatons que notre héros préfère l'apparente facilité des solutions obtenues à partir d'éléments extérieurs à la simple réflexion. Le voilà recourant à des moyens psychotropes probablement illicites, si pas dangereux.

Mais il y a une morale dans ces aventures. Car les effets secondaires des potions magiques se révèlent néfastes et sont générateurs de catastrophes, puisque voilà le Petit Barbare doté d'une tête énorme dont il ne peut supporter le poids (allusion au film *Le cerveau* ?). Comme dans la littérature ou le langage courant, l'intelligence se retrouve symbolisée par la grosse tête. Une expression à double sens, alliant à la fois la prétention et la connaissance. Mais, dans l'univers virtuel et moral du Petit Barbare, les recours aux expédients ne font jamais mouche. Empêché par le poids extrême de son cerveau non seulement de se déplacer, mais tout bonnement de se tenir en position debout, notre héros est condamné à mourir sur place, de soif et de faim... si tant est que les créatures virtuelles doivent se nourrir et puissent périr.

Remarquons ici que la représentation symbolique de l'intelligence se fait au moyen de la formulation d'une relation mathématique. Et le choix n'est pas neutre, la formule choisie étant entrée dans l'inconscient collectif, même si son contenu doit encore échapper à quelques-uns. Pour mémoire, elle exprime l'équivalence physique entre la masse (*m*) d'un corps, l'énergie (E) à laquelle cette masse correspond et la vitesse de la lumière, toujours notée *c* (référence à l'anglais *celerity*), le tout sous la forme répandue :

$$E = MC^2$$

On l'attribue généralement au grand Albert Einstein. Un physicien ! Pas un matheux, puisqu'il n'hésitait pas à proclamer sans fausse modestie : « *Do not worry about your difficulties in mathematics. I can assure you mine are still greater*[14] ». J'ai dit qu'on la lui attribuait. Pas qu'il l'avait découverte ! Car les notions de relativité et d'espace-temps, tout comme la célèbre formule, apparaissent déjà dans plusieurs articles du mathématicien français Jules Henri Poincaré, parus entre 1898 et 1905, et qui sont donc antérieurs aux travaux du physicien allemand (1905).

Les mathématiques : modèles de contrainte

Non contents d'imposer la noirceur de leur volonté par l'obscurité de leur propos, les mathématiciens sont autant de sadiques contraignant des générations de jeunes victimes plus ou moins consentantes à une étude aliénante, et tout cela impunément.

De là à identifier le suivi des cours de mathématiques à une incarcération, il n'y a qu'un pas que notre héros franchit sans complexe lorsqu'il est présenté pour la première fois à celle qui va prendre, le temps de quelques planches, une certaine importance dans son existence, à savoir l'énigmatique Maximilienne (souvent nommée simplement Max) (KP.08.42).

Remarquons immédiatement l'aspect très gothique de notre mathématicienne en herbe. Le choix bien particulier de tenue vestimentaire est doublement intéressant. D'une part, il singularise la jeune Maximilienne, isolant une fois encore les matheux du reste du monde « normal ». D'autre part, son aspect singulier ne sera pas sans effet de séduction sur le gamin dont les penchants pour l'étrange nous sont à présent bien connus.

14 « Ne vous inquiétez pas si vous avez des difficultés en maths, les miennes sont bien plus grandes. »

Un modèle, même mathématique, ne vaudra jamais l'original

Par certains côtés, le travail du mathématicien ressemble fort à celui de l'artiste car il leur est demandé à tous deux de suggérer une représentation de la réalité, mais... qui n'est pas cette réalité. En effet, l'un comme l'autre vont faire usage d'objets divers, réels dans le cas du peintre, virtuels dans le cas du matheux, pour proposer une image du réel. Image forcément incomplète, partielle et cependant indispensable. On ne peut s'empêcher de penser au célèbre tableau de Magritte *La trahison des images* qui affirme péremptoirement : « Ceci n'est pas une pipe. »

Et formellement parlant, l'artiste a raison. Le tableau est une croûte (je n'ai pu résister au mauvais jeu de mots), c'est-à-dire une couche de peinture séchée et fixée sur une toile. Le tableau constitue en fait une représentation de l'objet « pipe ». Bref, un modèle. Ce tableau nous amène à la constatation suivante : un modèle n'est pas l'original. Truisme ? Pas vraiment. Nombre de mathématiciens sont persuadés que les mathématiques répondent à une quête de vérité et que les résultats fournis par cette science représentent une réalité parfaite. C'est oublier que tous les théorèmes se démontrent dans un cadre axiomatique très strict, composé de « vérités acceptées sans preuve » que l'on nomme axiomes. Ces axiomes contiennent en fait la totalité des théorèmes qui sont démontrés en les utilisant. En réalité, chaque théorème est vrai... parce que l'on a supposé qu'il était vrai dans les axiomes dans le cadre desquels il est démontré. Dans la géométrie dite euclidienne, par exemple, l'emblématique théorème de Pythagore[15] est équivalent à l'axiome de la parallèle unique : par un point P extérieur à une droite *d* du plan passe une et une seule droite parallèle à *d*.

Dans le monde paddlelien, la différence entre une réalité et la représentation de cette réalité apparaît clairement. Considérons le strip ci-contre dans lequel nos héros parcourent avec angoisse leur aire de jeux favorite (KP.01.28).

Des bruits étranges semblent peupler les lieux et pourtant nos amis sont inquiets. Il n'y a personne... et les jeux sont éteints. D'où peuvent bien provenir tous ces bruits inquiétants ?

---

15 Celui qui affirme que, dans un triangle rectangle, le carré de l'hypoténuse est égal à la somme des carrés des côtés de l'angle droit.

GAME
GAME
CITYGAME
BONG
PAW PAW PAW
PIAAW
BIM BAM
KNOTS
PUF TUF PUF TUF PUF
REKTEKTE
BIZARRE. IL N'Y A PERSONNE...
RRRRRRRRRRR
ZONK
MUT MUG
BAM
FLIP FLI
RRRRRRRRR BIM BAM BIM BAM
VROAAR
PUF TUF PUF TUF PUF
...ET LES JEUX SONT ÉTEINTS !
VERMINATOR
QUEL SILENCE ! ON SE CROIRAIT DANS UNE ÉGLISE...
BENG BENG
'COMPRENDS PAS !
PUF PUF
TAK
TZAK TZAK TZAK
FWWIIIIIT
BIM BAM BIM BAM
BWAM
PIK POK PIK POK PIK
GLUBG
M'SIEUR, LA SALLE EST FERMÉE AUJOURD'HUI ?
OBGLOBL
OUAIS... POUR CAUSE DE TRAVAUX : ON REPEINT LES MURS...
BOLONG
?
POK PIK POK PIK POK
FLIP FLIP

La solution à cette énigme apparaît cependant progressivement. Les lieux sont en réalité silencieux. Les jeunes qui les parcourent les comparent même à une église. Les « bruits », ou du moins ce que le lecteur avait interprété dans un premier temps comme des bruits, n'en étaient que la représentation. Quand on *écrit* « Bang », ce n'est pas un bruit. C'est notre cerveau qui l'interprète comme tel !

Et voilà nos héros devant un gigantesque « BWAM » tout aussi silencieux que le reste. Remarquons aussi l'usage de caractères plus petits dans les bulles pour modéliser le chuchotement.

Le dessinateur a parfaitement exploité la dialectique contenue dans la toile de Magritte. Mais il y apporte en plus une touche d'humour.

Car les notations de bruitage représentaient ici ce qu'elles étaient réellement, à savoir de simples éléments graphiques !

Mais comment se fait-il que le lecteur se soit ainsi laissé surprendre ? Bonne question.

Car ce n'est pas par hasard si, quelques planches auparavant, le lecteur en question s'était retrouvé devant une page entière qui faisait l'inventaire de tous les bruits que le malheureux Kid se voit contraint d'endurer tout au long de ses journées, sans parler du vrombissement insupportable des moustiques nocturnes (KP.01.25) !

Venons-en à présent aux différentes représentations ou aux différentes modélisations du son qui sont supposées cette fois représenter un bruit ou un son véritables aux oreilles (à moins que ce ne soit aux yeux ?) du lecteur. Elles sont multiples et variées comme le montre l'exemple suivant (KP.02.23). Analysons la planche case par case. La première représentation se fait classiquement par le biais de la bulle de texte émanant de la radio, nous modélisant le commentaire du ou de la journaliste présent.e en studio. L'orientation donnée par le fil du phylactère identifie parfaitement l'origine du son. On peut néanmoins s'interroger sur la nature de l'œuvre de Haendel qui est proposée à notre écoute, et dont la tonalité est bien mystérieuse. La deuxième case introduit une portée musicale ondulant gracieusement dans l'espace sonore, toujours au départ du poste de radio, modélisant ainsi l'origine du son, la rythmique et la souplesse de l'œuvre interprétée.

Notons, pour le gag, l'étonnante clé en début de portée puisqu'il s'agit d'une véritable clé de serrure ! L'armure aussi est intéressante. Elle correspond à l'annonce faite par le présentateur, même si, musicalement, elle est absurde : on y voit ainsi simultanément un dièse et un bémol, incompatibles avec toute tonalité acceptable !

La troisième case superpose deux sons, l'un mélodieux, l'autre multiple, composé de parasites et d'un « BLAM » plus fort car en lettres grasses. C'est du moins ainsi que l'interprétera le cerveau du lecteur. La case quatre cumule les onomatopées

dans la plus pure tradition de la chanson de Gainsbourg datant de 1967. Et comme, par leur truchement, on pénètre bien dans l'univers sonore du *comic strip*.

Réaction immédiate du voisin préventivement armé de son manche de brosse. Bom bom bom : modèle élémentaire de coups portés au plafond. Dépité, nos techniciens en herbe tentent l'impossible pour poursuivre sans nuisances leurs activités génératrices de perturbations auditives.

Hélas ! La solution apportée à la présence de parasites dans les douces mélopées attendues par le voisin malheureux ne sera pas celle espérée.

Le monde est si compliqué. Et si injuste ! Car les intentions des deux joueurs étaient bonnes : ne déranger personne…

Les mathématiques : modèles éprouvés pour tout ce qui est éprouvant

Il semble donc acquis que les maths ne sauraient être que difficiles. C'est vrai en partie. Et il faut admettre que pour avoir accès à la compréhension des modèles, notre cerveau se doit de construire ses propres réseaux neuronaux représentant les objets et les relations intervenant dans un résultat mathématique même quand celui-ci est élémentaire. Ce travail doit être fait par chacun d'entre nous, individuellement, et ne saurait être « transmis » sans effort du formateur au disciple (KP.04.06). C'est la raison pour laquelle il faut abandonner définitivement l'idée d'une « mathématique pour les nuls ».

Il est beaucoup plus valorisant pour chacun de partir de l'a priori selon lequel nous sommes tous capables d'un certain accès à la compréhension. Et il faut insister sur un point qui n'est pas souvent mis en avant : même si cette démarche constructive nous demande à tous un effort, elle n'est pas sans effets positifs.

Nous voyons d'ailleurs que notre pauvre Kid doit régulièrement s'astreindre à l'effort des devoirs et des leçons. Et c'est sans surprise que l'on peut constater que ces travaux forcés sont quasiment toujours associés aux maths (KP.07.28). Les manuels dans lequel doit se plonger malgré lui notre héros semblent systématiquement porter les titres maudits de « calculs », ou encore plus généralement « math » (avec une absence de pluriel bien singulière).

Mais soyons optimistes : les maths sont aussi source de satisfaction. Voilà une assertion bien audacieuse et qu'il convient de justifier : quelles sont donc les joies que l'on peut ressentir dans le cadre d'activités mathématiques ? On en éprouve notamment au moment de la compréhension d'un résultat, d'une notion. Je plains celui qui n'a jamais connu l'explosion de plaisir intellectuel qui fait suite à l'« eurêka » lorsque soudain surgit la clarté aveuglante d'un raisonnement, d'une démonstration.

Autant de bonheurs intenses dont notre Kid semble bien frustré.

C'est que dans son univers comme dans le nôtre, les maths ne sont pas uniquement vues comme difficiles : elles sont aussi méprisées.

Premières définitions

Nous allons dès à présent tenter de proposer une première définition (partiellement auto-référente et donc largement critiquable) de la notion de science. Dans le cadre poppérien développé plus haut, convenons d'appeler modèle, toute construction mentale (monde 3) hypothético-déductive ou descriptive (scénario) permettant la gestion localement dans le temps d'un fragment de phénomène appartenant au monde 1. On appelle science, l'ensemble (au sens naïf et non mathématique) des modèles réfutables ayant été confrontés au réel (monde 1) et non encore invalidés par cette confrontation.

Envisageons à présent une description succincte de l'attitude scientifique. Le point de départ commun à toute investigation est l'observation de situations concrètes et le relevé de mesures associées à certains éléments bien ou mal choisis faisant partie intégrante de ces observations (phase 1). Le choix de ces mesures pourrait sembler a priori arbitraire. Il apparaît historiquement que ce n'est pas le cas. Certains ensembles de mesures conduisent à des résultats scientifiques, d'autres pas. C'est ici que s'observe un phénomène difficilement qualifiable ou quantifiable, qui s'appelle l'intuition. Afin d'éviter tout malentendu, nous considérerons l'intuition comme une démarche analytique rationnelle partiellement inconsciente. On peut aussi y inclure une certaine dose de préjugés, d'idées préconçues. Dans ce cas, l'efficacité de la démarche n'aura pas nécessairement le niveau espéré.

Notre Petit Barbare (GO.02.27) semble bien au fait en tout cas de la première phase du processus de modélisation. Mis en présence d'un buzzer, il constate qu'un appui lui livre une première arme et que deux appuis successifs lui fournissent une arme deux fois plus puissante. Trois appuis successifs semblent parfaitement valider le modèle : le calibre de l'arme fournie est apparemment proportionnel au nombre de poussées sur le buzzer.

Après cette phase expérimentale il convient de procéder à un premier passage à la théorisation et à la construction de modèles (phase 2). Ces derniers

peuvent s'identifier à des structures mentales représentant une partie des situations concrètes étudiées. Ces modèles prennent la forme de systèmes hypothético-déductifs ou de scenarii que l'on espère non contradictoires (tiens on se rapproche des maths). Cet espoir peut être vain : on ne sait toujours pas aujourd'hui si l'axiomatique de la théorie des ensembles, qui constitue le fondement des objets mathématiques utilisés dans la plupart des applications est ou n'est pas *non contradictoire*.

En ce qui concerne le Petit Barbare, le modèle semble validé : le calibre de l'arme fournie est bien proportionnel au nombre d'appuis successifs.

Suit alors une procédure de validation des modèles par comparaison entre les observations et les résultats annoncés ou prévus par les modèles (phase 3). Il s'agit d'une procédure utilisant les modèles dans un cadre descriptif. Ces représentations mentales sont ajustées « au mieux » aux observations. Cette étape est fondamentale, elle procède de ce que l'on peut nommer la compréhension d'une situation.

Lorsque mesures effectivement observées et résultats prévus par le système hypothético-déductif retenu et calibré ne diffèrent pas trop, nous considérons nos hypothèses comme acceptables provisoirement et estimons avoir compris le phénomène, avoir proposé un schéma explicatif compatible avec les observations. De nouvelles mesures, différentes, ont obligatoirement pour conséquence le rejet du modèle et la recherche d'un autre système qui englobe l'ensemble de toutes les observations.

Le problème ne semble pas devoir se poser au Petit Barbare qui tente une ultime expérience en poussant cette fois un grand nombre de fois sur le buzzer (huit fois en fait), faisant alors apparaître un char d'assaut qui valide une nouvelle fois le modèle du calibre de l'arme proportionnel au nombre d'appuis. La pertinence du

modèle proposé s'en trouve donc renforcée. À moins bien sûr que la relation entre le nombre de poussées et le calibre de l'arme ne soit pas linéaire, mais par exemple exponentielle. Qui le sait ? Curieusement, cette constatation laisse le Petit Barbare sans réaction, comme écrasé par la fatalité de la pertinence de sa modélisation.

Cette phase est particulièrement intéressante en ce sens qu'elle nous permet de définir la notion de *compréhension* d'un fragment de réel : on a compris un phénomène lorsqu'on peut en produire un modèle non contradictoire sous forme descriptive ou hypothético-déductive, qui en donne une présentation synthétique conduisant à des résultats lors d'expériences futures ne s'écartant pas trop des prévisions.

C'est ici que commence à se construire le monde des *mathématiques* (on y vient enfin !). Il ne retient que les structures mentales associées aux modèles des phénomènes qu'ils doivent représenter. Ces structures détachées de contexte réel sont alors réutilisables, elles peuvent être complétées, améliorées. D'autres structures obéissant aux mêmes exigences de cohérence peuvent être proposées, agrandissant l'ensemble du matériel dans lequel les scientifiques peuvent puiser. Nous verrons plus loin en quoi les mathématiques sont fondamentalement différentes des autres domaines scientifiques.

Nous venons de présenter un modèle validé de proportionnalité. En voici un autre d'inverse proportionnalité, qui sera tout aussi validé que le précédent. Avec toujours les mêmes conséquences désastreuses pour le pauvre Petit Barbare (KP.08.24).

Deux armes sont proposées à notre héros. Selon toute apparence, l'une ressemble à un vaporisateur (contenant un insecticide ?), l'autre prend plutôt l'aspect d'un pistolet laser. Dans la suite, l'information dont dispose notre personnage pour caractériser et affronter ses ennemis est uniquement auditive. Le voilà qui perçoit un cri monstrueux et intense : « Blork ». Remarquons ici l'usage de grandes lettres vertes et pustuleuses pour suggérer un cri fort d'un grand nombre de décibels, repoussant et glauque. Brrr ! On en frémit d'avance.

S'attendant à un ennemi grand, fort et vigoureux, le Petit Barbare choisit donc de s'emparer de l'arme la plus offensive, le pistolet laser. Arrive alors un insecte volant, hideux certes, mais dont la taille est dérisoire si l'on s'en réfère à son cri. En toute logique, notre Petit Barbare devrait immédiatement concevoir un modèle d'inverse proportionnalité traduisant le fait que plus le cri du Blork est sonore, plus le monstre qui le pousse est petit. Il décide néanmoins, et en dépit de cette observation, de faire usage du pistolet laser. Voyons ce qui suit.

Un bruit dérisoire et vibratoire se fait alors entendre. Sans tenir compte de son expérience passée, notre héros délaisse son pistolet laser (peut-être était-il déchargé ?) pour s'emparer du vaporisateur. Apparaît un Blork énorme, validant le

modèle d'inverse proportionnalité, et écrasant une fois encore notre personnage, qui manifestement n'avait pas construit mentalement le bon modèle.

Il convient donc de collecter l'information avec attention, pertinence et aussi une prudence certaine. Toutes les expériences ne sont pas bonnes à tenter. Ni à réitérer. Et les premiers pas expérimentaux doivent être accomplis avec toute la circonspection nécessaire. On peut constater que ce n'est malheureusement pas toujours le cas dans le monde virtuel du Petit Barbare.

Replongeons dans l'univers féerique et virtuel du Petit Barbare et de la Princesse en ouvrant *Watergate*, le tome 10 de *Game Over* (GO.10.09). La découverte d'une baguette magique fait immédiatement resurgir des phantasmes cendrillonnesques dans le chef de la Princesse et lui font entrevoir un univers à la Walt Disney. Elle imagine quelque gigantesque citrouille se transformant en carrosse comme dans le conte. Mais les lecteurs assidus des aventures sorties de la plume et du pinceau de Midam (et de son imagination) savent qu'il faut faire preuve d'une prudence extrême, voire même d'une méfiance totale avant de tirer la moindre conclusion : l'univers des strips de Michel Ledent est très éloigné de toute conception idéalisée ou disnéenne du monde.

Ainsi, notre princesse aurait bien fait de prendre connaissance des résultats de sa première expérience avant de la recommencer par deux fois en prenant pour objet son sempiternel amoureux et sa propre personne. Car les faits sont là : aussitôt frappé par la baguette, l'inévitable panneau « exit » s'est vu transformé en étoile de mer à cinq branches (comme l'étoile garnissant la baguette). Sans s'inquiéter en aucune façon des résultats de cette première expérience et sans concevoir le moindre modèle, l'héroïne frappe le Petit Barbare de sa baguette avant de la tourner vers elle-même. Et le modèle « tout objet frappé par la baguette magique est transformé en étoile de mer » qu'elle aurait pu élaborer dès sa première expérience se verra validé par toutes les tentatives ultérieures. Sans effet positif pour nos héros. Puisque nous voilà en présence de trois magnifiques étoiles de mer. Game over ! De l'utilité de la modélisation.

Lorsqu'un modèle est accepté, on passe ensuite à une procédure d'analyse des conséquences de la représentation mentale du réel que l'on vient de valider, en tentant d'anticiper des résultats non encore mesurés (phase 4). Une nouvelle phase expérimentale peut alors avoir lieu, donnant naissance à un nouvel ensemble de mesures concrètes. Ces nouveaux résultats sont également confrontés au modèle et peuvent une fois de plus conduire à son acceptation ou à son rejet. Dans ce cas, il y a utilisation des modèles dans un cadre prédictif.

Remarquons que la phase prédictive n'est pas obligatoire. Aucun modèle n'a été autant validé que le modèle synthétique amélioré de l'évolution fondé sur les travaux de Darwin (modèle descriptif de 1859 validé entre autres par la découverte de la génétique). Néanmoins, ce modèle ne sera jamais prédictif. Nul ne peut anticiper ce que seront les animaux ou les plantes du futur. Sauf peut-être le Kid qui verrait bien un monde peuplé définitivement de Blorks dominant le monde…

Résumons : après les observations de la phase 1, un modèle est construit en phase 2, validé et éventuellement accepté en phase 3 et ensuite utilisé de manière prédictive dans la phase 4 lorsque la phase 3 est jugée satisfaisante. Une analyse critique conduit, on l'a vu, au retour à la phase 1 puis à nouveau à la phase 3, pour que le modèle subisse de nouveaux tests de validation. C'est cette remise en question perpétuelle qui fait la richesse et l'efficience de l'attitude scientifique.

C'est néanmoins cette remise en cause et l'obtention de résultats toujours partiels et provisoires qui est mise en avant par certains pour dévaloriser la démarche des scientifiques, par comparaison avec les affirmations définitives et péremptoires - mais non vérifiables, non contrôlables - des gourous de tout poil.

Ce sont là des discours fanatiques, qui prétendent apporter des réponses définitives à toute question d'importance, éclairant ainsi définitivement les raisons de notre furtif passage sur Terre. Parmi les très nombreuses interrogations existentielles auxquelles ils fournissent leur vision standard de la vérité, reprenons cette angoissante question : y a-t-il une vie après la mort ?

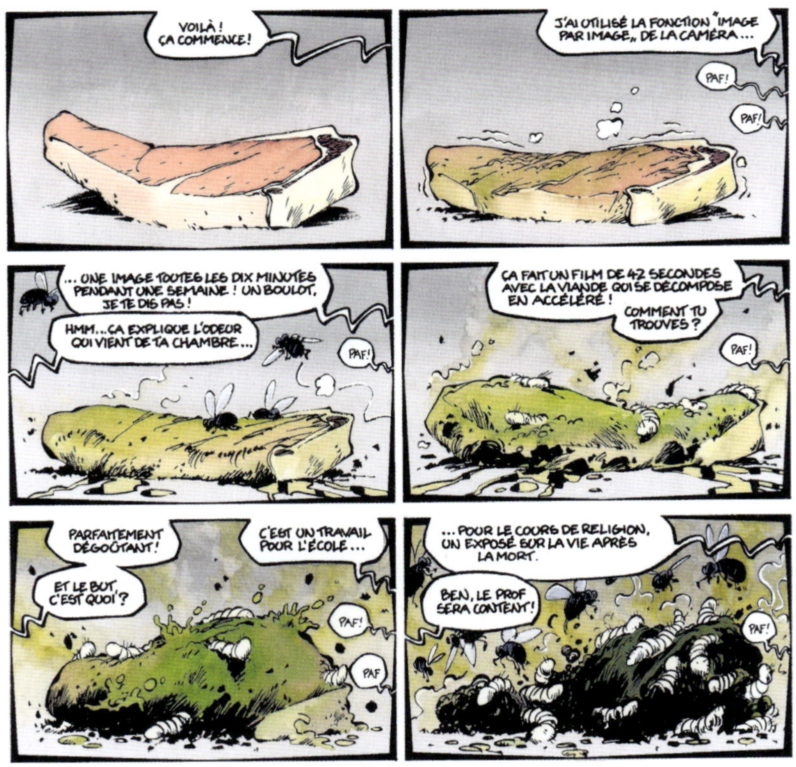

Loin des grandes révélations courantes, le Kid apporte sa petite pierre à l'édifice de nos constructions intellectuelles (KP.05.39). Il situe son point de vue dans la continuité de la vie, défendant un point de vue post-mortem global qui ne manque pas de réalisme. Et comme souvent, il fait mouche !

Mais le point de vue sceptique de certains face à l'édifice scientifique touche aussi quelques philosophes pour qui le recours aux hypothèses d'existence de vérités absolues est une nécessité pour justifier la construction de leur système de pensée. Ces hypothèses sont inutiles et, d'une certaine façon, réductrices. En effet, dans un cadre où un problème est définitivement résolu, il n'y plus de place ni pour la recherche, ni pour l'enthousiasme qu'elle peut engendrer. Un monde de vérités absolues est un monde mort intellectuellement.

Les mathématiques à la source de solutions à tout problème ?

Mais les mathématiques peuvent-elles tout résoudre ? Vaste question à laquelle une réponse nuancée s'impose. Ce d'autant plus que, dans bien des domaines, le recours aux mathématiques n'est pas exempt d'idées préconçues, voire même d'idéologies pour lesquelles une présentation formelle fait alors office de justification absolue. Ce n'est pas le cas lors de cette conversation entre le Kid et Horace, manifestement très absorbés par leur jeu de cartes, un domaine dans lequel la théorie des probabilités peut effectivement être utile (KP.17.34). Encore que pour la partie comportementale, les choses ne soient pas aussi évidentes. Aux côtés des sciences dites dures, la sociologie fait également appel à la modélisation et le côté formel des maths y est souvent présent ! Quant à affirmer que le matheux est toujours gagnant, voilà bien une proposition que nous n'oserions pas défendre.

Axiomatiques et rasoir d'Occam[1]

Il est assez remarquable de constater à quel point philosophes, physiciens et certains mathématiciens aiment avoir recours à l'hypothèse d'existence de lois immuables, universelles et éternelles. Beaucoup de mathématiciens font ainsi

1 Guillaume d'Occam (1285 - 1347), franciscain philosophe, logicien et théologien scolastique anglais.

l'hypothèse de l'existence d'un monde mathématique préexistant, immuable, à la découverte duquel ils partent comme autant d'explorateurs intrépides. Leur argument est toujours le même : les propriétés découvertes par les mathématiciens sont vraies de toute éternité. Cette attitude est-elle d'un apport quelconque au progrès scientifique ? En suivant le principe du *rasoir d'Occam,* écartant drastiquement toute hypothèse non nécessaire, on peut légitimement en douter. À moins bien sûr d'opter pour une description de l'univers inutilement complexe. Ceci étant acté, tout modèle de physique mathématique n'a évidemment de puissance explicative ou prédictive que si les lois de l'univers sont valables partout et tout le temps. Qu'importe que ce soit vrai ou non. Cette hypothèse est nécessaire à la construction des modèles. Nous aborderons le sujet plus loin.

Revenons à l'univers des personnages dessinés en passant par le monde des Shadoks[2] et en rappelant sa devise : « pourquoi faire simple quand on peut faire compliqué ? » Et voyons, en reprenant l'exemple emblématique du théorème de Pythagore, comment le Petit Barbare explore les propriétés des angles droits et des triangles rectangles (GO.04.38). La longueur de l'hypoténuse virtuelle du triangle rectangle

2 Qui se souvient des Shadoks ? Cette série télévisée d'animation française, racontée par le génial Claude Piéplu fut diffusée entre 1968 et 1973 par l'ORTF, avant d'être reprise en 2000 sur Canal+.

isocèle qu'il manipule ne sera d'aucun intérêt dans le strip. Mais on peut toutefois s'interroger sur le réalisme de la trajectoire aérienne de la pauvre Petite Princesse projetée dans les airs sous l'impulsion de la base du triangle en plein basculement...

Revenons à nos moutons : qu'est-ce qu'un théorème ? En quoi consiste une démonstration ? Les mathématiques actuelles sont construites sur base de ce que l'on nomme des axiomatiques. Ce point de vue est récent et le caractère arbitraire des axiomes, qui restreint en fait le champ de validité des résultats obtenus, n'a été accepté que récemment dans l'histoire des mathématiques : chacun peut se documenter sur la querelle des géométries courbes ou non euclidiennes qui eurent beaucoup de mal à s'imposer comme alternative également plausible à la géométrie d'Euclide.

Affirmer, par exemple, que le théorème de Pythagore est « toujours vrai » n'a pas de sens. Car sur une sphère comme notre planète, le théorème de Pythagore ne se vérifie pas. On peut en effet y construire un triangle trirectangle (trois angles droits) équilatéral (trois côtés égaux) ! Que l'on imagine un aviateur partant du pôle Nord, direction plein sud sur une distance de 10.000 kilomètres. Arrivé à l'équateur, il repart en direction de l'est à angle droit. Il parcourt également 10.000 kilomètres avant d'obliquer plein nord, à angle droit pour un dernier trajet de 10.000 kilomètres. Le voilà de retour à son point de départ. Son trajet représente bien un triangle équilatéral comprenant trois angles droits. Oui ! Seulement ce triangle est inscrit sur une sphère et non sur un plan ! Le théorème de Pythagore, valable en géométrie plane, n'est pas validé sur notre bonne vieille Terre !

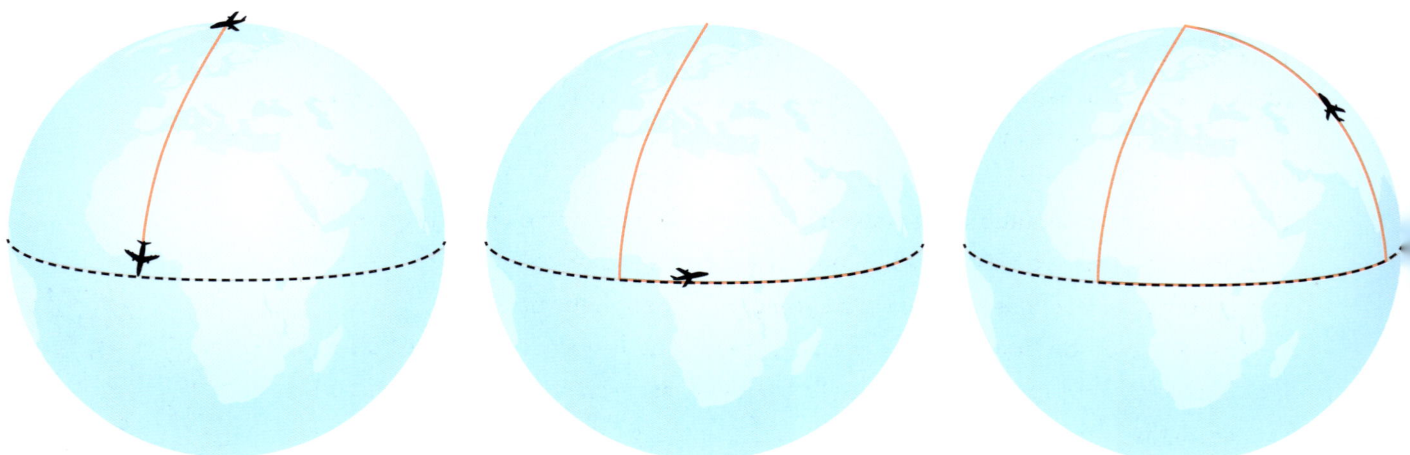

Il est donc essentiel, pour bien appréhender le cadre particulier des maths, de bien comprendre la notion d'axiome tout en insistant sur le côté plus ou moins arbitraire de leur inclusion ou non dans une théorie. Étymologiquement, le terme axiome vient du grec ancien αξιωμα qui signifie « digne d'être pris en considération et donc évident en soi ». Il désignait une *vérité* indémontrable qui devait être admise. Pour les philosophes et pour les mathématiciens grecs de l'Antiquité, l'axiome est donc une affirmation « évidente », qui n'a pas *besoin d'être prouvée*. Jusqu'au début du XIXe siècle, le terme d'axiome a continué à désigner ce type de proposition « évidente en elle-même » dans la plus pure tradition des *Éléments* d'Euclide qui forment la base de la géométrie enseignée à l'école aujourd'hui. Les questions qu'ont posées certains chercheurs creusant les fondements des mathématiques aux XIXe et XXe siècles ont bouleversé cette conception.

Aujourd'hui, les choses ont bien changé : un axiome désigne une vérité première acceptée sans justification mais uniquement et exclusivement *à l'intérieur d'une théorie mathématique*. L'ensemble des axiomes d'une théorie constitue ce que l'on appelle une axiomatique. On espère cette dernière non contradictoire. Mais c'est la seule contrainte que l'on introduit dans le cadre théorique. Et surtout, aucun mathématicien n'attribue plus aujourd'hui aux axiomes qu'il choisit une quelconque valeur de vérité. Ils demeurent à son libre choix sous l'unique contrainte de la cohérence interne : des axiomes contradictoires ne peuvent évidemment pas conduire à une théorie cohérente. Mais une chose doit être retenue : il n'est plus question en mathématiques de comprendre le monde. Cette tâche échoit à toutes les autres disciplines scientifiques. En mathématiques, il est uniquement question de demeurer cohérent. C'est déjà pas mal !

Une axiomatique définit donc entièrement une théorie mathématique. Chaque axiome de cette théorie doit être considéré comme un point de départ dans un système de raisonnements logiques, et seulement de ce point de vue. Chaque théorème d'une théorie est en réalité implicitement et totalement contenu dans les axiomes choisis et les définitions introduites dans la mise en place de cette théorie. Un théorème n'est donc « vrai » que dans le cadre d'une théorie mathématique. Et seulement dans ce cadre. Toutes les propriétés démontrées sont « enfermées » dans les axiomes. Sans eux, il est impossible de démontrer quoi que ce soit. Dans le cas du théorème de Pythagore, les axiomes choisis permettent la construction de l'espace euclidien à deux, trois ou un nombre quelconque de dimensions, qui sont d'excellentes représentations mentales d'une feuille de papier ou du monde qui nous entoure... mais dans ce dernier cas uniquement localement. Nous vivons en effet sur une sphère sur laquelle le théorème de Pythagore ne s'applique pas.

Ce type de considération n'exclut nullement le recours à des éléments moins objectifs contenus dans ce que l'on nomme, sans bien le définir, *l'intuition*. Car les mathématiques sont toujours en construction. Il y a des mathématiques achevées, présentées sous une forme définitive, qui sont purement démonstratives et ne comportent que des preuves. Mais il y a aussi les mathématiques en gestation qui ressemblent à toute autre connaissance humaine au même stade de développement. Il s'agit d'une propriété associée à un objet mathématique, établie au moyen d'un raisonnement logique, au départ d'un ensemble d'axiomes, qui sont autant de vérités acceptées sans autre justification que la cohérence interne.

Ces propos nous ramènent à notre sujet : comment arriver à donner une définition acceptable de la notion de *mathématique* ? Historiquement, les premiers objets mathématiques étaient totalement ancrés dans le réel dont ils devaient donner une représentation utilisable pragmatiquement. C'est le cas du plus ancien d'entre eux, le fameux bâton d'Ishango[3], comme de la plupart des tablettes cunéiformes babyloniennes, et des collections de résultats et d'exercices égyptiens dont nous disposons. C'est aussi le cas des *Éléments* d'Euclide qui donnaient une représentation mentale remarquable et surtout utilisable de la réalité physique observable, même si certains résultats semblaient obtenus pour le seul plaisir de l'esprit.

C'est en Grèce que naît le concept de *mathématicien*. Ce dernier est bien éloigné de son acception actuelle. Les premiers matheux étaient les membres d'une secte étrange aux ordres du gourou Pythagore. Les élèves de ce dernier se divisaient en deux groupes. Les ακουστικοι recevaient un enseignement sans aucune démonstration donné par le disciple Hippase de Métaponte[4]. (ακουστικοι, du grec ακουσματα qui signifie « les choses entendues »). Les véritables initiés, les μαθεματικοι recevaient quant à eux l'enseignement complet donné par Pythagore en personne. (Leur désignation provient du terme μαθεματα qui signifie « les choses apprises »). On le voit, l'aspect sectaire des prêtres de la mathématique ne date pas d'hier et l'on comprend mieux les propos déjà cités de Jean Dieudonné qui disait en substance que seuls les mathématiciens savent ce que sont les mathématiques, ce que l'on peut traduire par « seuls les initiés ont accès au savoir ». Les principes communs aux religions et à la mathématique sont plus nombreux qu'on ne pense.

Certains pourraient croire, à la première lecture, que les mondes de Midam n'abordent pas la thématique des religions et que ces propos seraient extérieurs au sujet. Il n'en est rien. Pour ceux qui en douteraient, nous conseillons la lecture de *Kid Paddle* 14, *Serial Player* (KP.14.35). Mais revenons-en aux mathématiques et à leurs axiomatiques.

Car toutes les théories axiomatiques ne sont pas également riches. Les plus pertinentes sont celles qui, en partant d'un nombre limité d'axiomes simples à énoncer et clairs, permettent le développement d'une théorie étendue contenant un grand nombre de propriétés démontrées ou non. Les représentations mentales que constituent les mathématiques nous sont généralement très utiles. Laissons aux mathématiciens purs le plaisir de leurs constructions abstraites dont l'inutilité sera le plus souvent provisoire. Et écartons également le principe qu'Edmond Rostand met dans la bouche de Cyrano de Bergerac selon qui « c'est bien plus beau lorsque c'est inutile[5] ».

Ces exemples nous permettent d'émettre plusieurs propositions. Tout d'abord, il existe un lien historique entre l'invention progressive des mathématiques et la réalité. On peut donc oser la proposition suivante :

---

3 La première règle à calcul connue : elle date de plus de 20 000 ans.
4 Qui fut exclu du cénacle pour avoir montré l'irrationalité du nombre « racine de deux ».
5 *Cyrano de Bergerac*, « Non ! non, c'est bien plus beau lorsque c'est inutile ! », E. Rostand, (1897), acte V, scène 6.

On appelle « objet mathématique » toute interface (constituée en fait d'un réseau neuronal) construite par notre cerveau pour concevoir un fragment de réel trop complexe, et sa propre structure. Cette interface permet à notre cerveau l'accès à la compréhension (au sens défini plus haut) d'un fragment de notre univers.

Un exemple simple va nous permettre d'illustrer le passage du concret vers l'abstrait qui constitue l'essentiel du travail du mathématicien. Revenons à l'arithmétique, du grec ancien αριθμοσ (arithmos), signifiant nombre. Mais qu'est un nombre ? Quelqu'un peut-il montrer un nombre quelque part dans la nature ? Quand je demande à quelqu'un de me montrer « 2 », il se contente généralement de me montrer 2 doigts, ou deux objets quelconques. Mais il ne peut me montrer « deux » qui est un concept abstrait. Tout cela ne nous empêche pas d'établir des relations entre les concepts de nombres. Dire que « 18 est supérieur à 12 » a un sens. Un panier contenant 18 pommes en contient plus qu'un panier contenant 12 pommes, un immeuble de 18 étages est plus haut[6] qu'un immeuble de 12, un cycliste roulant à 18 kilomètres heures dépasse un cycliste roulant à 12 km/h. Le concept « 18 est supérieur à 12 » est donc tout simplement la formalisation de relations de ce type observables entre objets. La matérialisation du concept de quantité précède de beaucoup les axiomatiques qui sous-tendent aujourd'hui la théorie des nombres.

Notre cerveau est constitué de cellules particulières (neurones), interconnectées matériellement (synapses). Toutes les axiomatiques mathématiques présentent une structure identique à celle de nos cerveaux, tablant sur l'existence d'objets non définis mais mis en relation. Ainsi, pour construire l'arithmétique, on postule l'existence d'objets (les nombres), sans les définir. On postule ensuite l'existence de relations particulières entre ces objets. Et cela suffit.

Pour ce qui concerne notre petit héros, une mauvaise appréhension du rapport quantité/nombre lui jouera des tours à de nombreuses reprises au cours de ses nombreuses vies. Ouvrons *Beauty Trap* à la page 35 (GO.19.35). Nous y retrouvons une fois encore le Petit Barbare qui se voit là doté d'une baguette magique, un scénario fréquent dans les univers qu'il fréquente. Mais quel est l'effet de cette dernière ? Notre héros n'en sait rien. Il va donc devoir procéder à plusieurs expérimentations afin de le découvrir et de construire son modèle. Deux Blorks apparaissent alors, manifestement un enfant et un adulte (comment se reproduisent les Blorks ?). À moins bien sûr qu'il ne s'agisse d'un petit Blork et d'un autre, plus grand ! D'un coup de baguette magique, le Petit

6 Cela dépend évidemment de la hauteur des étages.

Barbare transforme les deux monstres en gâteaux d'anniversaire, traduisant et symbolisant ainsi par le nombre de bougies allumées l'âge des deux monstres. La première hypothèse semble donc réaliste et un modèle peut être construit.

Apparaît alors un très vieux Blork. À quoi le reconnaît-on ? Il est tout courbé par l'âge et semble se mouvoir avec lenteur. Malgré son âge canonique, il s'apprête néanmoins à frapper la Petite Princesse. Hop ! D'un coup de baguette magique, le voilà lui aussi transformé en un énorme gâteau d'anniversaire aux (très) nombreuses bougies. La Princesse se retourne. Comptant les bougies, elle s'imagine que le gâteau lui est destiné et se vexe (on peut remarquer que cela lui arrive de plus en plus souvent au fil des aventures successives du Petit Barbare). Elle écrase alors le malheureux héros, son sauveur, au moyen de la gigantesque pâtisserie… dont on peut légitimement douter de la légèreté.

Mais, m'opposera-t-on, malgré leur côté apparemment abstrait déjà évoqué, les mathématiques pourraient-elles ne reposer que sur des relations matérielles ? L'histoire des sciences nous a montré que certains concepts mathématiques anticipaient parfois leur correspondant réel. Tout se passe comme si l'esprit humain était capable d'imaginer mentalement des relations non encore observées mais qui pourront éventuellement être découvertes dans la nature ultérieurement. Certains concepts abstraits développés par les mathématiciens dits « purs » n'ont pas encore (ou n'auront peut-être jamais) d'équivalent dans le monde qui nous entoure. Pour évacuer ce problème apparent, il suffit d'émettre la thèse selon laquelle notre cerveau est une machine capable de construire une gamme étendue de relations, que ces dernières aient été observées ou non. Comme nous l'avons déjà signalé, cette thèse est reprise par les neurologues. Dans ce cadre, les objets mathématiques seraient tout bonnement constitués de réseaux neuronaux particuliers, relevant ainsi du monde matériel.

Ce point de vue nous permet de comprendre la difficulté de tout mode de communication. Si tous les concepts se réduisent à des réseaux neuronaux, il paraît peu probable d'avoir à admettre que tous ces réseaux éminemment complexes soient absolument identiques chez tous les individus. Un concept doit alors être compris comme la classe d'équivalence des réseaux neuronaux qui conduisent à une utilisation identique de son contenu. Ce genre de considération est classique des concepteurs des réseaux neuronaux artificiels pour lesquels les processus d'apprentissage mis en œuvre conduisent la plupart du temps à des systèmes qui donnent les mêmes résultats mais dont la structure, aléatoire et construite indépendamment, est forcément différente. Les mathématiques échappent-elles à ce sentiment d'*à peu près* que nous venons de faire naître ? Les mathématiciens s'épuisent à créer un langage formel le plus éloigné possible des champs sémantiques usuels pour échapper à ce risque. Mais notre scénario permet d'expliquer la multitude d'interprétations que l'on peut donner à chaque concept.

En définissant l'objet mathématique comme l'interface entre notre cerveau et le réel, nous avons ouvert une autre boîte de Pandore : qu'est-ce que le réel ? Il y a une différence extraordinaire entre notre perception de la réalité et cette réalité. Notre confrontation avec l'univers se fait via nos sens (retenus dans un contexte de survie par la sélection naturelle et par une tentative de modélisation optimale) qui nous livrent une information utilisable certes, mais très éloignée de l'essence même des choses que nous nous représentons. Ce que nous appelons *réel* est, au mieux, l'image mentale que nous construisons de l'univers qui nous entoure. Ce que nous prenons pour la réalité n'est jamais que l'information dont nous disposons sur l'univers. Notre réalité subjective pourrait bien n'être en fait qu'une hallucination informationnelle. Ceci est surtout vrai dans l'infiniment petit, aux limites de la matière, ou dans l'infiniment grand aux confins de l'univers observable. C'est ici que le recours aux modèles mathématiques et autres prend tout son sens. Car les mathématiques offrent une clef qui permet l'accès à l'intuition d'une réalité pas nécessairement visible ou tangible.

En quoi les mathématiques participent-elles à ce type de construction mentale ? Pour que notre cerveau puisse connaître d'abord puis reconnaître les réalités qui nous entourent, il faut que ces dernières manifestent une certaine permanence. La reconnaissance d'un objet ou d'un être implique l'existence d'un acte mental consistant à repérer, classer et enregistrer certaines des caractéristiques permanentes de cet objet ou de cet être.

Pour que nous puissions identifier des objets que nous découvrons et les inclure dans un ensemble structuré, il faut que nous établissions des classes d'équivalences de caractéristiques. Le processus mental de reconnaissance est donc lié à la construction d'objets mentaux caractérisés par des invariants, et à celle de classes d'équivalences. Or la recherche des invariants et des classes d'équivalences est précisément une part importante de ce que nous baptisons « l'activité mathématique ». Les mathématiques constitueraient donc une réserve conceptuelle de structures invariantes dans lesquelles nous pouvons puiser pour mieux concevoir et aborder l'univers réel. Là est leur intérêt primordial et probablement leur utilité sélective. L'homme n'est pas un animal particulièrement fort physiquement, il ne court pas très vite. Comment a-t-il fait pour ne pas disparaître, victime des terribles prédateurs qu'il a dû affronter ? En fait, étant donné sa morphologie, seul *homo mathematicus* pouvait survivre dans ce monde hostile.

Conclusions provisoires

À titre de conclusion provisoire, nous pouvons à présent avancer la proposition suivante :

Les mondes 2 et 3 de Popper sont des productions matérielles de notre cerveau et sont donc inclus au monde 1.

Cette proposition est un élément du monde 3 : elle est donc à valider ou invalider. Il semble néanmoins de plus en plus pertinent d'affirmer que ce sont des des processus chimiques qui déterminent nos sentiments, nos ressentis, et des processus électriques qui constituent la structure et le support de nos idées (voici encore deux propositions de monde 3 à valider ou invalider). Le passage du matériel au spirituel devient alors non un changement de nature mais un saut quantitatif : le spirituel qualifie alors une activité matérielle de grande complexité ! Notre cerveau n'a pas encore nécessairement construit de modèles pour les niveaux de complexité qu'il développe lui-même ! Notre proposition conduit à la représentation suivante dans laquelle les mondes 2 et 3 sont inclus au monde 1.

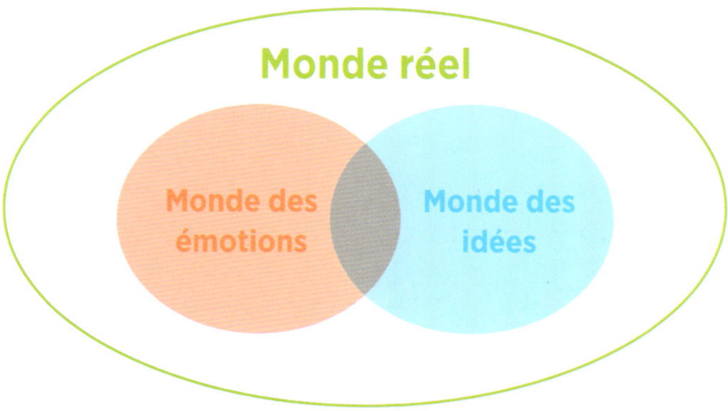

Cette proposition permet de fournir des éléments de réponse à plusieurs interrogations légitimes.

Que sont les mathématiques dans ce nouveau schéma ? Elles font partie du monde de la réalité (monde 3 inclus au monde 1). Chaque concept correspond à un certain réseau neuronal mais plusieurs réseaux différents peuvent représenter la même idée dans deux cerveaux différents ; une idée, un concept est donc une classe d'équivalence de réseaux neuronaux. Attention : ceci est une théorie du monde 3 et correspond également à un certain réseau neuronal. On retombe donc sur une certaine forme d'auto-référence avec tout ce que ce genre de proposition comporte de niveaux d'indécidabilité. Mais ceci est une chance. Bien heureusement, le programme de Hilbert[7] qui rêvait de la construction d'un formalisme mathématique définitif et complet ne se fera pas ! Les mathématiques ne sont pas un système complet. En y réfléchissant, ce genre d'idéal n'en est pas un. Un monde sans doute est intellectuellement inhibant. Quel bonheur de vivre dans le non-définitif et l'indécidable !

Qu'en est-il du concept souvent rabâché et très difficile à définir de « beauté des mathématiques » ? Faisant partie du ressenti, cette notion est un élément – probablement chimique – du monde 2. Qu'en est-il de l'efficacité des mathématiques ?

---

7 David Hilbert (1862 – 1943) : mathématicien allemand ayant développé des idées fondamentales en théorie des invariants, en axiomatique de la géométrie et dans les fondements de l'analyse fonctionnelle.

Nous allons donner à cette question pertinente une réponse se situant à la fois dans le contexte darwinien et suivant la méthode poppérienne. En effet, le processus de validation de Popper joue le rôle de la sélection naturelle dans la jungle du monde 3, qui écarte les modèles moins pertinents pour ne retenir que les plus adaptés à certaines exigences. Sous cet éclairage, les maths ne peuvent qu'être efficaces !

Ce ne sont pas les mathématiques qui sont aptes à décrire le réel, c'est l'inverse : nous baptisons du nom « mathématique » toute structure cérébrale cohérente nous permettant compréhension et gestion efficace de notre univers, et par extension toute structure assortie des mêmes qualités de cohérence, que nous baptisons de « mathématique pure ». Galilée avait mis la charrue avant les bœufs en affirmant[8] :

La philosophie est écrite dans ce livre gigantesque qui est continuellement ouvert à nos yeux (je parle de l'univers), mais on ne peut le comprendre si d'abord on n'apprend pas à comprendre la langue et à connaître les caractères dans lesquels il est écrit. Il est écrit en langage mathématique.

Le monde n'est pas écrit en langage mathématique : les mathématiques constituent le langage que la structure particulière de notre cerveau a été capable d'élaborer pour comprendre et être capable de gérer et d'anticiper certains éléments de la nature.

Pourquoi y a-t-il des mathématiques partout ? La question ne se pose plus puisqu'on appelle « mathématique » toute construction mentale (monde 3) qui permet la compréhension (au sens défini plus haut) d'un fragment de réel (monde 1). En souhaitant accéder à la compréhension de quoi que ce soit, on met en place une structure mentale que l'on inclut dans l'ensemble « mathématique » dès qu'elle s'avère efficace.

En cela, la construction des gags mise en place par Midam répond exactement au même type de problème, si ce n'est que chaque plongée dans l'univers virtuel du Petit Barbare lui impose, et nous fait découvrir, un monde différent, un monde dans lequel aucune loi n'a encore été étudiée, structurée, mathématisée. Au petit avatar de tenter de le faire, de construire les ébauches des principes qui régissent son microcosme, et cela sans pouvoir avoir recours aux travaux d'autres avant lui. Tâche insurmontable ! Il n'est donc pas étonnant que ces essais se traduisent toujours par des échecs.

On observe que les mathématiques n'ont pas les faveurs du grand public ! Quel dommage ! Pour lui ! Car elles représentent en fait le seul moyen, adapté à la structure de notre cerveau, pour comprendre, gérer et modeler notre univers.

8 *Il Saggiatore, nel quale con bilancia squisita e giusta si ponderano le cose contenute nella libra.* Galilée (1623), titre genralement traduit par : *L'Essayeur*. La traduction complète en est : *L'Essayeur, en quoi les choses contenues dans ce livre sont pesées avec des balances exquises et justes.*

Quelques exemples de modèles ?

Modèles de théorie des ensembles

La théorie des ensembles est aujourd'hui à la base de la construction de tout l'immeuble mathématique. Contrairement à l'idée que l'on s'en fait dans le grand public, cette théorie est subtile et complexe. C'est que, pendant des décennies, fut enseignée une « théorie naïve des ensembles », très éloignée de l'édifice construit par des générations de matheux. Apparemment, c'est aussi le cas de Kid Paddle qui, malheur à lui, se voit interrogé « au tableau » sur le sujet, dans la plus pure tradition pédagogique (KP.06.23). Comme des milliers de ses condisciples, le voilà contraint de dessiner des « patates ».

Mais l'on connaît le Kid. Et l'on sait à quoi il faut s'attendre avec lui. Ce d'autant plus que les choses ne vont pas tarder à se compliquer terriblement. Et s'il est vrai que l'on peut suivre les exigences de l'instituteur jusqu'à la représentation de l'ensemble D, ses directives ultérieures deviennent soudain de la plus haute fantaisie !

La confusion entre la représentation d'ensembles sous la forme de patatoïdes et de véritables formes géométriques conduit à l'énoncé le plus absurde qui puisse être. Car la forme des « sacs » représentant des ensembles est laissée au libre choix de l'utilisateur et il ne peut être question d'y tracer une quelconque tangente ni d'y voir la moindre forme géométrique. « Comment le Kid va-t-il s'en tirer ? », se demande le lecteur mathématicien (autant sans doute que le lecteur non-mathématicien). Eh bien ! il n'y a une seul chose à dire : bravo ! Car, sans tenir compte de l'absurdité de l'énoncé, le gamin est parvenu à respecter totalement les consignes (fantaisistes) du maître.

Curieusement, l'instituteur du gamin n'a pas l'air d'apprécier. Il a tort.

La théorie des ensembles est infiniment plus subtile que ne le laisse supposer sa présentation naïve, qui décrit les ensembles comme de simples collections. Mais toutes les collections ne peuvent être acceptées dans un cadre rigoureux.

Pourquoi ? Vous demanderez-vous sans doute. Tout simplement parce que les très grosses collections posent problème. Ainsi, imaginons que vous désiriez définir la collection de « tout ce qui n'est pas une bande dessinée ». C'est une très grosse collection. Trop grosse en fait. Même s'il est parfaitement possible de déterminer, pour chaque candidat « élément », s'il fait partie de la collection ou non, la définition même qui en est donnée va poser problème. Car elle implique un fait troublant : cette collection n'est pas une bande dessinée. Elle fait donc partie d'elle-même, et constitue donc un élément du tout, tout en étant le tout... Et c'est fondamentalement gênant. Voyons pourquoi.

Acceptons provisoirement que les collections, les candidats « ensembles » en mathématiques, puissent se contenir, c'est-à-dire puissent être un de leurs éléments tout en étant le tout. Mathématiquement et surtout formellement, cette position ne pose pas de problème. On peut très facilement écrire $A = \{0, 1, A\}$. Mais, au-delà du formalisme, cette position introduit une contradiction. Car, si les ensembles peuvent se contenir, on peut alors construire l'ensemble des « ensembles ne se contenant pas » (il y en a beaucoup également). Cet ensemble-là pose problème, car il n'est pas possible de déterminer tout ce qui en fait partie. En effet : cet ensemble fait-il partie de la collection ? Il peut se contenir, à la condition... de ne pas se contenir, d'où la contradiction.

Le paradoxe que nous venons d'évoquer est mieux connu sous l'appellation de « paradoxe du barbier ». Si le barbier est l'homme du village qui rase tous les hommes du village qui ne se rasent pas eux-mêmes, le barbier peut-il se raser ? Eh bien, il peut le faire, à condition de ne pas le faire ! Le barbier est donc l'homme le plus mal rasé du village. Les implacables conséquences de la logique et de la cohérence nous contraignent à accepter cette conclusion : toutes les collections ne sont pas des ensembles.

Pédagogies nouvelles et théorie des ensembles

La classe du Kid va connaître plusieurs instituteurs aux méthodes pédagogiques totalement opposées. Aux méthodes classiques de son aîné, un plus jeune collègue va substituer une méthode plus moderne et tenter de s'intégrer à la classe en adoptant le champ de compétence et d'intérêt de ses élèves. Cela va donner une curieuse leçon de mathématiques (KP.04.36). Ou en tout cas, un bien étrange problème de calcul.

Notons ici le changement d'unités de capacité qui, de l'oral à l'écrit, passent du décilitre au litre, de quoi engendrer une certaine confusion dans le chef des élèves. Mais que seraient les maths sans la théorie des ensembles qui occupaient il y a quelques décennies encore de larges pans des programmes.

Reste à constater les effets des nouvelles méthodes didactiques mises en œuvre par le nouvel instit...

L'homme de Vitruve : un modèle parfait de l'humain ?

Tout le monde (re)connaît l'*Homme de Vitruve*, le célèbre dessin annoté réalisé vers 1490 par le génial Léonard de Vinci (1452 – 1519), une représentation librement inspirée du traité de l'architecte romain du premier siècle avant notre ère, Marcus Vitruvius Pollio.

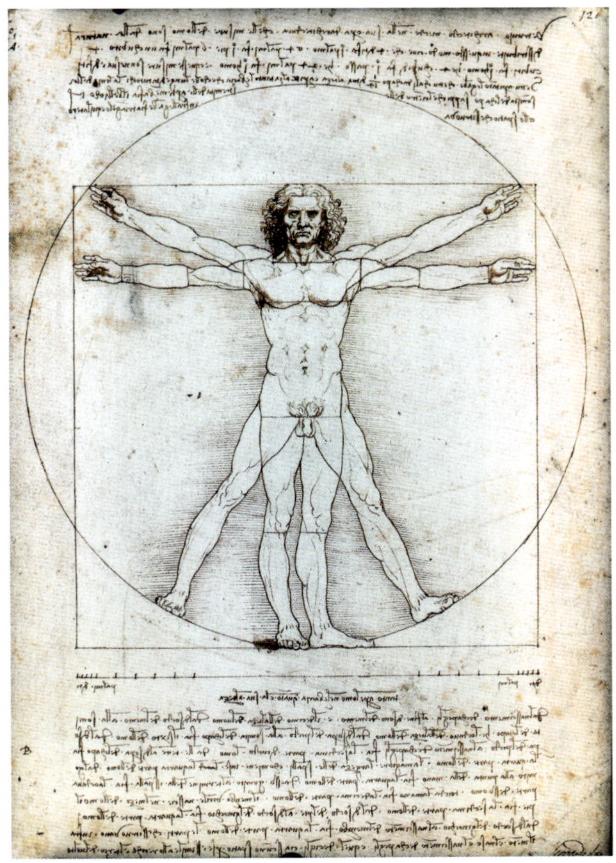

L'artiste italien y définit selon ses propres normes ce que devraient être les proportions idéales et parfaites du corps humain qui, mathématiques obligent, s'inscrirait obligatoirement dans un cercle de centre le nombril et un carré de centre ses organes génitaux.

Remarquons une fois encore le machisme latent dans la proposition. De Vinci n'a pas dessiné la femme de Vitruve !

Mais que penser de cette idée fort répandue « que la perfection doit obligatoirement passer par les mathématiques » ? Selon le principe du rasoir d'Occam, elle devrait être écartée car totalement inutile. On constate, hélas ! que ce n'est pas toujours le cas. De plus, on peut légitimement s'interroger : qu'est-ce que la perfection ? Comment s'étonner dès lors du peu de crédit des maths, régulièrement (et arbitrairement) avancées comme modèle incontournable ?

Nous sommes loin du Kid et de ses préoccupations, me direz-vous ? Qu'en est-il de nos héros ? Sont-ils eux aussi victimes de l'hyper-mathématisation ? Midam nous l'assure en n'hésitant pas à reprendre, tout en les étendant, le modèle et les exigences mathématiques du maître toscan (GO.03.01).

Car non seulement le Petit Barbare va s'inscrire (plus ou moins) dans un cercle et dans un carré, mais des indications de proportion parfaite complètent opportunément le dessin.

Deux références sont explicitement faites au célèbre « nombre d'or », sous deux formes différentes, à savoir son approximation décimale et sa formulation mathématique exacte.

Voyons exactement de quoi il est ici question. Considérons deux nombres positifs différents et également différents de zéro, que nous noterons a et b, en supposant $a>b$, ce qui n'altère pas la généralité. Le rapport a/b est donc strictement supérieur à 1, de même que le rapport $(a+b)/a$. Sous quelle condition, ces deux rapports pourraient-ils être égaux ? On doit avoir :

$$\frac{(a+b)}{a} = \frac{a}{b} = \varphi$$

C'est le fameux « nombre d'or », qui déterminerait les plus parfaites proportions possibles entre les deux nombres de départ a et b. Quoi de plus arbitraire en fait ! Cela dit, le calcul du nombre d'or relève d'une mathématique de l'enseignement secondaire (qui est d'ailleurs très loin de l'être). En divisant numérateur et dénominateur du membre de gauche de notre équation par b, on tombe sur l'expression :

$$\frac{(\varphi+1)}{\varphi} = \varphi$$

que l'on transforme facilement en multipliant les deux membres par φ (différent de zéro, donc on peut) :

$$(\varphi+1) = \varphi^2$$

Nous voici donc en présence d'une équation du second degré, cauchemar de pas mal d'élèves du secondaire, à savoir :

$$\varphi^2 - \varphi - 1 = 0,$$

une équation possédant deux solutions, à savoir :

$$\frac{(1+\sqrt{5})}{2} = 1{,}618\ldots = \varphi \quad \text{et} \quad \frac{(1+\sqrt{5})}{2} = -0{,}618$$

Seule la solution positive a droit de cité dans la saga du nombre d'or.

Pour en finir avec la soi-disant magie du nombre φ

Le rapport φ intervient un peu partout en mathématiques. On le retrouve en arithmétique, en géométrie, en trigonométrie et il apparaît comme limite des rapports de deux successeurs dans les suites de Fibonacci, dont nous ne parlerons pas (beaucoup d'autres l'ont déjà fait). Mais ce n'est pas tout ! Car les propos les plus fantaisistes circulent également sur ce fameux nombre d'or. Ainsi, entre autres mythes largement diffusés, sa présence un peu partout dans la nature à la peau dure. Et pourtant ! Qu'en est-il vraiment ?

Les objets présents dans l'univers, qu'ils soient inertes ou vivants sont soumis aux lois de la physique. Lorsqu'ils sont vivants, ils subissent également celles de l'évolution. Et, n'en déplaise aux mystiques, ces deux éléments suffisent à expliquer des configurations exploitant « en gros » des rapports « plus ou moins proches » du nombre φ. Depuis quelques décennies, des études pluridisciplinaires sont menées, qui intègrent à la fois mathématiques, physique et biologie. Elles montrent que, loin de rechercher une quelconque perfection dans ses rapports, le monde du vivant se contente de suivre ou de subir un ensemble de lois. C'est l'homme qui lui attribue une certaine idée de perfection, qu'il a tôt fait d'identifier aux mathématiques. N'oublions pas que ces dernières ne se retrouvent pas dans la nature mais dans notre cerveau. Elles constituent le génial truchement que nous avons construit pour mieux comprendre et gérer notre environnement.

Modèles de toiles d'araignées

Nous nous sommes tous émerveillé au moins une fois devant la beauté d'une toile d'araignée, soulignée de gouttes de rosées ou subtilement mise en évidence par les rayons du soleil. Certaines de ces toiles sont magnifiques, esthétiques, artistiques mêmes. Mais elles sont aussi mathématiques. C'est probablement ce double aspect, esthétique et mathématique, qui fait que les toiles d'araignées occupent une place à part dans l'univers virtuel paddlelien.

Nous allons constater que les toiles de Midam ne sont pas nécessairement réalistes et que les toiles des araignées de l'empire des jeux ne suivent pas nécessairement les plans de leurs sœurs peuplant notre monde réel.

Voyons comment on peut modéliser les toiles appartenant à chacun de ces univers si différents. En ce qui concerne nos petites compagnes quotidiennes, le premier à avoir admiré et étudié leurs constructions géométriques fut l'entomologiste et poète Jean-Henri Fabre qui s'est émerveillé de la splendeur et de la régularité géométrique de leurs créations. Les compétences multiples de Fabre ont de quoi faire rêver. Il n'était pas que biologiste, mathématicien, physicien et chimiste. Il n'était pas que scientifique. Et ses élans poétiques l'éloignèrent parfois de la réalité, même lorsque cette dernière pouvait s'appuyer sur un support mathématique. L'univers plus littéraire que scientifique de Fabre nous offre néanmoins un premier élément de réflexion : les toiles réelles sont en forme de spirale.

Game Over, Tome 6 de Midam

Les toiles virtuelles peuplant le monde de *Game Over* sont construites en pseudo-cercles concentriques (GO.06.30 et GO.08.31) adoptant une forme presque polygonale.

On peut d'ailleurs classer les araignées en fonction de leurs toiles. Il existe en effet des araignées à toiles régulières (et donc « mathématisables »), et d'autres à toiles irrégulières (dont nous ne parlerons pas), et des araignées dites errantes (non-tisseuses de pièges en soie et dont nous ne dirons rien non plus). Certaines araignées travaillent dans le plan, d'autres carrément dans l'espace. Nous traitons uniquement des premières.

On regroupe les araignées tisseuses de toiles « circulaires » sous l'appellation d'*orbitèles* (du latin *orbis*, le cercle, et *tela*, la toile) qui n'est pas un terme vernaculaire et ne désigne pas non plus un taxon particulier. En d'autres termes, ce classement ne recoupe pas celui des clés de détermination.

Un tiers environ des araignées tissent des toiles géométriques planes. Nous allons constater que l'adjectif « circulaire » est bien mal choisi pour les arachnides réelles de nos jardins et de nos maisons, mais convient particulièrement bien aux arthropodes virtuelles de Midam.

La première étape de la construction d'une toile est l'établissement de son cadre. Selon les espèces, il est parfois tendu à partir d'un fil flotteur produit à partir d'un point élevé et dont l'extrémité accroche un obstacle ou peut être construit par fixation du fil de déplacement de l'araignée au cours de son cheminement dans la végétation. Ceci fait, l'araignée tend de nombreux fils pour constituer une structure radiale, commençant par faire un « Y ». Elle file les rayons suivants (plus de 40 pour l'épeire, hôte privilégié de nos jardins) dans un ordre précis, afin d'équilibrer constamment les tensions qui pourraient décentrer la future toile, et elle les consolide par quelques tours d'une spirale centrale serrée : le moyeu.

Puis l'animal tisse un fil en spirale en partant du centre de la toile vers la périphérie : ce fil servira plus tard de repère pour la construction de la spirale définitive qui, elle, est construite de l'extérieur vers le centre. Lors de la construction de cette « toile de capture », l'épeire réingurgite la spirale auxiliaire.

Visualisons une toile d'épeire. En l'observant attentivement (voir la photo ci-dessus), on distingue clairement deux zones : une première constituée de fil fin, partant du centre de la toile et pour laquelle l'écart entre les spires augmente légèrement (zone 1) et une seconde constituée de fil beaucoup plus épais et pour laquelle l'écart entre deux rayons consécutifs semble rester à peu près constant (zone 2). Il convient donc d'opter pour une modélisation par morceaux. Voyons quel est l'arsenal de l'univers mathématique en matière de spirales.

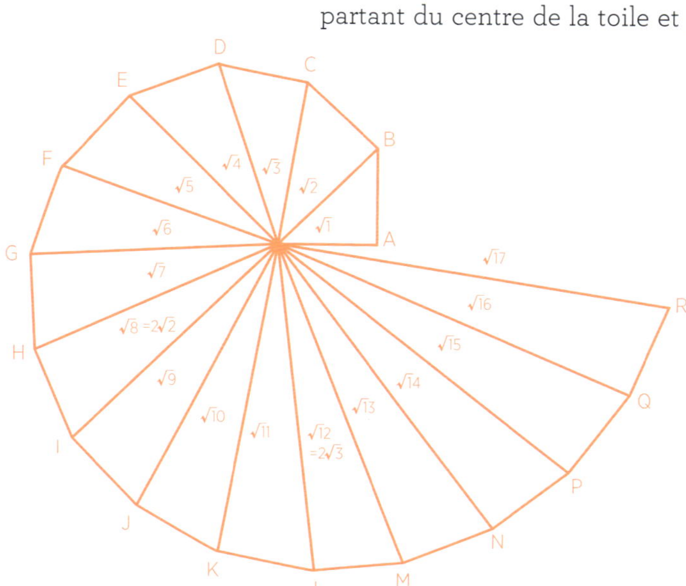

Une première approche du modèle recherché consiste en ce que l'on nomme la spirale de Théodore de Cyrène (465 - 398 BC). Ce mathématicien grec, élève de Protagoras et précepteur de Platon (à qui il enseigna les mathématiques) proposa une construction géométrique des racines carrées des nombres entiers successifs en utilisant de manière répétée le théorème de Pythagore donnant ainsi naissance à la spirale qui depuis porte son nom. Partant d'un premier triangle rectangle isocèle de côtés unité, il représente tout d'abord la racine de « 2 » qui correspond à l'hypoténuse de ce triangle et qui sert de nouveau côté à un nouveau triangle rectangle dont l'autre côté de l'angle droit vaut « 1 » et dont l'hypoténuse représente la racine de « 3 ».

Curieusement (à moins que ce ne soit bien opportunément), le mathématicien de l'Antiquité s'est arrêté à 17, évitant ainsi le premier enroulement sur lui-même de la spirale, comme on le voit sur le graphe ci-contre.

Mais comment mathématiser ce genre de configuration ? Si la construction de la figure sous forme de figure définie par segments de droites est simple, on ne peut en dire autant de la formalisation de la courbe obtenue en tentant de relier ses sommets par une fonction « agréable » et régulière.

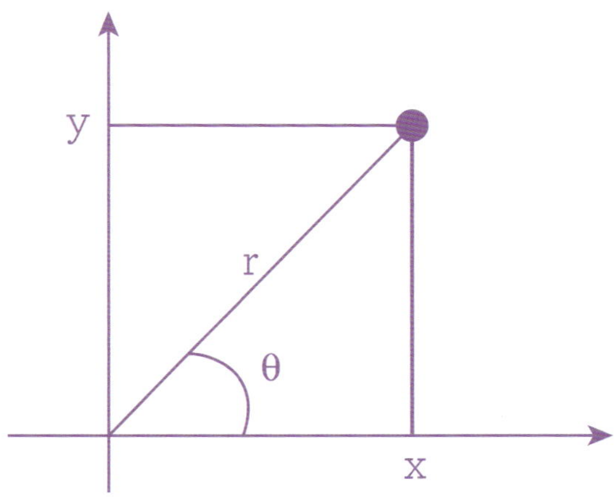

Pour y parvenir, il est nécessaire d'introduire un nouveau système de coordonnées, moins usuel et moins connu que le repère dit « cartésien ». Car l'enroulement qui doit être décrit s'accommode fort bien des coordonnées dites *polaires*. Dans ce système, on représente un point dans le plan cartésien de coordonnées (x,y) en joignant ce point à l'origine et en mesurant l'angle entre ce segment et l'horizontale (notée θ) et également la distance entre le point et l'origine (notée r). Toutes nos excuses aux lecteurs non-matheux qui peuvent allègrement sauter les deux paragraphes qui suivent.

Pour retrouver les coordonnées « cartésiennes » (hommage au mathématicien et philosophe Descartes), on doit avoir : $x = r \cos \theta$ et $y = r \sin \theta$. Les deux variables r et θ sont supposées positives. Pour obtenir un enroulement et décrire une fonction spirale, il faut choisir r comme fonction croissante de θ.

Les candidats simples en matière de fonctions croissantes en mathématiques ne sont pas légions. Les fonctions plus couramment utilisées sont d'une part les *droites* de pentes positives et d'autre part les *exponentielles*. Ce sont également les choix qui ont été faits pour construire les spirales. En choisissant pour r une fonction linéaire ($r=a+b\theta$), on obtient ce qui est appelé « spirale d'Archimède », en choisissant une fonction exponentielle ($r=ae^{b\theta}$), on tombe sur la « spirale logarithmique » dont nous parle longuement Jean-Henri Fabre.

Voyons, à titre d'exemple, ce que donnent graphiquement ces deux représentations si on les ajuste avec les deux premiers points de la spirale de Théodore de Cyrène en coordonnées cartésiennes, à savoir (1,0) et (1,1). Les différences sautent aux yeux.

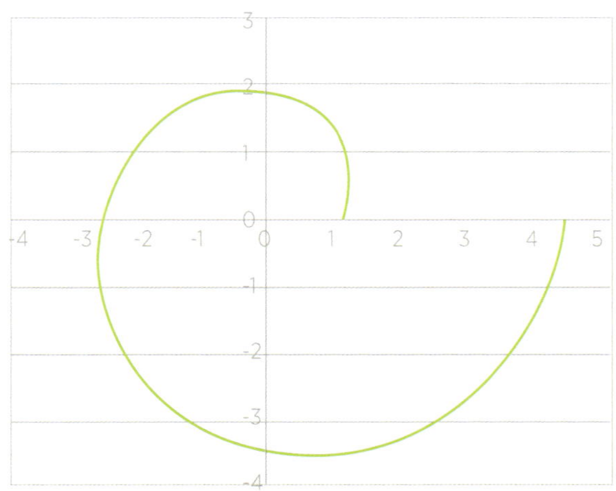

On observe que la spirale d'Archimède (dessin de gauche) est très proche de celle de Théodore de Cyrène. Elle s'en éloigne peu à peu à mesure que θ croît mais pour des valeurs inférieures à 4π (deux tours complets), l'approximation est excellente.

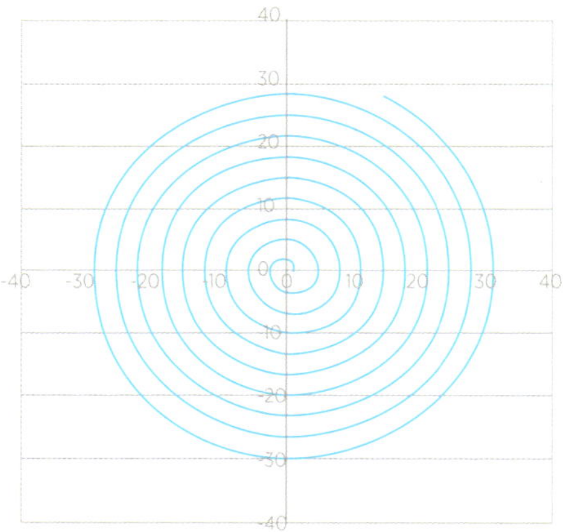

Voilà donc le problème réglé : les toiles qui présentent en zone 2 un écartement constant entre chaque enroulement peuvent être modélisées selon des spirales d'Archimède. Voyons ce que cela donne pour un grand nombre d'enroulements :

Pour la zone 1, il semble que la spirale logarithmique soit plus adaptée. Reste à ajuster les toiles à un taux de croissance raisonnable, ce qui peut se faire approximativement pour toute toile observée, étant donné le petit nombre d'enroulements observés. Plus on a de paramètres et moins on a d'observations et plus les ajustements sont possibles... mais moins les modèles ont de puissance explicative.

Étonnantes araignées qui maîtrisent ainsi parfaitement deux objets mathématiques successifs. Nous voilà bien loin des toiles du Kid et de leurs pseudo-cercles concentriques.

Et pourtant, ces dernières auraient dû en toute logique être conformes aux observations.

En effet, la toute première apparition des voiles arachnéens dans le monde paddelien s'est faite lors de circonstances bien particulières (KP.01.12). C'est en effet à partir de l'enroulement d'un seul et long câble que notre héros s'est retrouvé prisonnier d'une toile, dans une démarche identique à celle de nos petites amies à huit pattes. Cette toile ne pouvait donc qu'adopter la forme d'une spirale. Cqfd. Mais qu'en est-il en réalité du dessin proposé ? Difficile à dire, ne trouvez-vous pas ? Pourquoi notre héros devait-il absolument installer une antenne parabolique sur le toit de la demeure familiale ? Mais pour la captation du film *Tarentula invasion*, bien sûr. Retour à la case départ.

La pomme de discorde

Les activités des membres de la bande à Kid Paddle sont multiples même si elles occupent un champ sémantique et culturel bien particulier. Voilà notre ami Big Bang tentant de décorer de jolies pommes afin de les transformer en petites têtes attractives (KP.04.28). Le bonhomme n'a pas l'air doué. C'est du moins l'avis du Kid. Et comme c'est souvent le cas, l'allusion aux mathématiques abhorrées n'est pas loin. Mais qu'importe ! Le but de l'expérience n'était pas celui qu'on croit…

Modèles de suites de nombres

L'étude des suites de nombres est une partie importante de l'analyse mathématique. Mais qu'est-ce qu'une suite de nombres ? Plutôt que d'en donner une définition, commençons par en proposer des exemples. Regardons la succession de nombres suivants : 1,1,1,1,1. C'est une suite fort simple. Elle est composée de 5 nombres identiques et égaux à l'unité. Elle n'a pas l'air très intéressante mais elle va néanmoins nous permettre d'avancer. On remarque en effet que lorsqu'une suite de nombres ne comprend qu'un nombre fini d'éléments, il suffit de les nommer pour la définir. Quoique… Imaginons à présent une suite constituée de 10 000 nombres ! Pas facile de les énumérer tous. On convient donc d'essayer de simplifier les choses en mathématisant le processus et, dans ce but, en caractérisant chaque nombre de la suite au moyen d'une notation dite « indicée ». Le premier terme sera ainsi noté u_1, le deuxième u_2 et le « énième » u_n. Avec cette convention, une suite de 10 000 nombres identiques et égaux à 1 sera simplement notée u_i=1 pour i variant de 1 à 10 000.

Quel gain de place ! Il est évident que cette façon de faire ne peut être utilisée lorsque la suite est constituée de nombres sans lien entre eux. Mais, en mathématiques, de tels suites n'ont pas beaucoup d'intérêt. Quoique... La suite des décimales du nombre π est de ce type. Il est impossible d'établir aucun lien entre la succession des décimales qui constitue le rapport entre la longueur d'une circonférence et son rayon ! Des calculs mystérieux (et effectués pour la seule beauté de l'art) ont permis d'en calculer plusieurs dizaines de milliers de milliards. On est loin des 3,14 de nos premiers contacts avec le cercle.

Le monde virtuel du Petit Barbare s'accommode particulièrement bien des successions numériques, symbolisées par autant d'actes répétés. Le voici (KP.02.20) face à un coffre contenant un coffre, contenant un coffre dans la plus pure tradition des matriochkas, les célèbres poupées russes. Et dans le dernier coffre, que trouve-t-il ? Une clef ! Mais que va lui permettre cette clef ? Mais tout simplement l'ouverture d'un deuxième coffre contenant un coffre plus petit et ainsi de suite. Combien de fois le malheureux héros devra-t-il répéter les mêmes gestes ? La question reste posée, même après consultation de la dernière case.

Ce dernier exemple ouvre une nouvelle porte. Le nombre de coffres alignés devant le personnage a l'air fort grand. Et une question se pose : est-il fini ? S'il ne l'est pas, le jeu devient perpétuel et il n'est pas possible de sortir du niveau 1. Mais qu'en est-il mathématiquement ? La notation introduite plus haut reste valable et il suffit

à peine de la modifier pour représenter une suite comprenant un nombre infini de termes. La voici : on définit tout simplement la suite en précisant que u_i=1 pour i variant de 1 à l'infini ! Pour être totalement rigoureux, on aura recours ici à l'usage de parenthèses particulières et on notera la suite (u_n). Chipotage de matheux ? Nullement, cette convention permet simplement de reconnaître l'objet avec lequel on travaille. La notation u_n représente un terme de la suite (le énième), la notation (u_n) représente toute la suite.

Il est bien évident que l'on ne peut se contenter de travailler avec des suites finies ou infinies de nombres identiques. Où serait l'intérêt ? Que se passe-t-il alors lorsque les nombres de la suite évoluent ? Un bel exemple nous en est donné par l'une des (nombreuses) aventures malheureuses du Petit Barbare (KP.01.45 et KP.01.46). Observons-le tout d'abord face à un mur. La sortie du niveau de jeu impose d'y grimper. Remarquons qu'à ce stade, l'indication est en français. Elle sera bientôt remplacée dans les aventures futures par la notation plus internationale (car latine) : « exit ».

Des efforts sans nom vont lui permettre de percer la muraille de petits trous qui l'aiderons à se hisser sur une première plateforme. Le bonheur se lit sur son petit visage. Quoique cette explosion de joie se révélera peut-être un peu prématurée... car en tournant la page, on pourra découvrir un panorama plus complet du jeu dans sa totalité.

Sortie
Sortie
Sortie
MIDAM.

La grande case d'une page complète ci-contre va nous permettre de progresser dans la notion de suite. Elle ne permet pas de savoir si le nombre de marches que devra escalader le (très) Petit Barbare est fini ou non, mais cela n'a pas d'importance ici. Un effet de perspective rend compte de l'éloignement. On peut donc faire ici l'hypothèse que toutes les hautes marches sont d'une hauteur identique : h. Quelle est alors la hauteur de l'escalier ? On peut la calculer marche après marche, donnant ainsi naissance à la suite : $h, 2h, 3h, ..., nh$ dans l'hypothèse d'un escalier de taille finie.

Cette façon de voir va nous permettre d'introduire une seconde façon de définir une suite. C'est la notion de récurrence, chaque terme de la suite étant calculé à partir du terme précédent. Ainsi, la hauteur de l'escalier à la marche 3 est-elle égale à sa hauteur après deux marches à laquelle on ajoute la hauteur de la troisième marche. Mathématiquement, on note : $u_3=u_2+h$. En généralisant cette présentation, on peut écrire : $u_{n+1}=u_n+h$. Avec cette présentation, il convient de donner naissance à la succession de valeurs déterminées l'une à partir de l'autre et donc de préciser aussi $u_1=h$. Nous voilà donc avec deux manières de définir les éléments d'une suite. On peut soit en donner le terme général au moyen d'une formule (ici $u_n=nh$), soit en donner une présentation récurrente. Les suites qui sont construites en ajoutant un nombre à chaque terme pour construire le terme suivant portent le nom de suites arithmétiques. Mais, bien entendu, d'autres manipulations plus subtiles sont également possibles.

Voyons ce qu'il advient du Petit Barbare lorsqu'il se retrouve face à des obstacles de plus en plus hauts mais qu'il bénéficie, pour y parvenir, de babouches magiques (GO.02.03 et GO.02.04). Enfilant les chaussons merveilleux, il saute effectivement de plus en plus haut.

Mais quelle est la progression de la hauteur des sauts ? Il semble bien que les obstacles à surmonter croissent bien plus qu'arithmétiquement. Tout se passe comme si les murailles à franchir soient à chaque fois deux ou trois fois plus grandes. Qu'importe après tout, pourvu que les chaussures magiques en permettent toujours le franchissement. Mais, dans la réalité virtuelle du jeu, les aides apportées au héros

sont rarement adaptées. Et les sauts effectués sont effectivement de plus en plus hauts. Trop haut peut-être ?

Voilà qui est bien possible, puisque nous retrouvons le pauvre Barbare propulsé dans l'espace à des lieues de la petite planète abritant les obstacles qu'il devait franchir.

À cette dernière vue, on peut d'ailleurs se demander pourquoi le héros n'a pas tout simplement contourné les espèces d'inselbergs au-dessus desquels il s'est obstiné à passer...

Et mathématiquement ? Que peut-on en tirer ? On peut y voir la notion de suites géométriques, obtenues à partir d'un terme initial par la multiplication par un nombre constant que l'on note q. Soit u_1 le premier terme de la suite. Le deuxième vaudra $u_2=u_1 \cdot q$, le troisième $u_2 \cdot q$, soit $u_3=u_1 \cdot q^2$, le point indiquant la multiplication. On en tire la forme générale : $u_n = u_1 \cdot q^{(n-1)}$. On voit clairement que plusieurs cas peuvent être envisagés ici selon la valeur de q, en écartant le cas $q=1$ qui nous ramène au premier cas envisagé, celui des suites de nombres identiques. Lorsque q est positif et inférieur et inférieur à 1, les nombres de la suite ainsi créée deviennent de plus en plus petits. On dit que la suite converge vers « 0 ». Dans le cas où q est strictement supérieur à 1, au contraire, les nombres deviennent de plus en plus grands. La suite diverge vers l'infini. Le cas d'un multiplicateur négatif introduit des changements de signe à chaque étape, ce qui rend les choses encore plus amusantes...

Voyons ce qu'il en est dans l'univers midamien des suites croissantes explosant vers des valeurs de plus en plus grandes et retrouvons le Petit Barbare face à une succession de dominos qui semblent tous de taille identique (KP.03.45 et 46). Y aurait-il erreur ? Serions-nous dans un cas identique au premier exemple proposé ?

La suite nous rassure : ce n'est pas le cas !

Car les dominos deviennent de plus en plus grands. Nous ne sommes donc pas dans la redondance !

Mais le Petit Barbare a-t-il pour autant des raisons d'être rassuré lui aussi ? Connaissant l'univers des jeux, on peut légitimement en douter.

Avec raison !

Certes, la suite est croissante. Mais est-elle pour autant géométrique ? Rien ne permet de l'affirmer en effet. Ce qui n'est pas le cas dans l'exemple qui suit (KP.07.36).

Voilà le Kid prenant une empreinte digitale de son pote Horace et en demandant un agrandissement à 250 %, ce qui correspond à une multiplication de la surface par 2,5.

En renouvelant l'opération plusieurs fois, il donne cette fois bien naissance à une suite géométrique. Il suffisait donc d'attendre pour voir le modèle parfaitement illustré.

Les successions d'objets reliés entre eux par une formule logique ou magique, idéalement mathématisable, font ainsi l'objet de bien des théories. Constatation d'autant plus amusante que le terme *théorie* peut aussi désigner une succession d'objets ou de personnes, encore que ce dernier sens tende à devenir obsolète. Que peut-on donc retirer de toutes ces théories de théories ? Étymologiquement, *théorie* vient du verbe grec θεορειν qui signifie contempler, examiner, observer. Voilà exactement ce que chaque professeur demande quotidiennement à ses pauvres potaches. Partir de leurs observations pour élaborer des théories. Et voilà ce que font également les mathématiciens. Un exemple ? Partant de l'observation d'une succession de nombres, ils en tirent une représentation symbolique sur laquelle ils vont s'acharner, la triturant dans tous les sens, la sommant, en intervertissant les termes, et en retirant une théorie de propriétés. Mais tout cela a-t-il bien un sens ? Et surtout, cela a-t-il un sens unique ? La question mérite bien d'être posée.

Considérons la suite 1, 2, 3, … Quel est le terme suivant ? Notre cerveau à tous est à ce point formaté que la réponse quasi unanime à cette question sera « 4 ». Chaque terme est obtenu en ajoutant l'unité au terme précédent. Mais est-ce bien la seule solution ? En considérant la suite proposée, les matheux l'auront immédiatement formalisée en $u_1 = 1$ et $u_{i+1} = u_i + 1$ ou encore plus simplement $u_i = i$ pour i variant de 1 à l'infini.

Mais que penser alors de la formalisation $u_1 = 1$ et $u_{i+1} = (u_i)^2 + (-1)^{i+1}$?

En partant d'un premier terme égal à 1, elle nous donne bien $u_2 = 1^2 + (-1)^2 = 2$ et $u_3 = 2^2 + (-1)^3 = 3$. Mais que devient le terme suivant dans ce cadre ? On calcule $u_4 = 3^2 + (-1)^4 = 10$! On en vient à cette constatation étonnante : les suites de valeurs apparemment *évidentes* ne le sont pas nécessairement. Il existe en fait une infinité de solutions plus ou moins complexes à la formalisation de la suite. Partant de 1, 2,

3, ..., on peut compléter la suite en donnant absolument n'importe quelle valeur à u_4. Évidemment les formalisations seront selon des cas d'une complexité plus ou moins grande en fonction de mon envie de donner à u_4 une valeur bien particulière.

C'est le cas bien connu des « mauvaises réponses à un problème émanant de très bons élèves ». Ces mauvaises réponses peuvent être tout simplement des réponses plus complexes que celle imaginée par le professeur. On en trouve un bel exemple dans l'interrogation suivante sur laquelle Kid et ses copains ont dû plancher (KP.06.40). Voici l'énoncé en question :

Certes, certaines des solutions proposées par les bambins sont plutôt fumeuses et relèvent de la plus totale fantaisie. En voici ci-contre un échantillon sidérant.

Mais que penser de la solution avancée par Big Bang ?

Certes, la numérotation particulière des dents (particulière, certes, mais régulière et intégrant une certaine logique) place les nombres premiers en certains lieux bien choisis. Avec hélas ! une petite inversion entre 1 et 2 mais personne n'est parfait (surtout pas nos élèves !). Les premiers « nombres premiers » sont en effet 2, 3, 5 et 7.

Car « 1 » n'est pas premier. En toute rigueur un entier est considéré comme premier s'il n'est divisible que par *deux* nombres : 1 et lui-même. « 1 » n'est divisible que par *un* seul nombre et ne se voit pas accorder le statut de « nombre premier ». Le fait d'écarter « 1 » de la liste des nombres premiers a du sens quand on décompose un entier en facteurs premiers de manière unique. En incluant « 1 » dans la catégorie, on pourrait donner une infinité de décompositions sans grand intérêt.

Moyennant cette correction marginale, rien dans l'énoncé donné a priori ne permet a posteriori d'écarter la solution donnée par notre petit génie.

Mais qu'a pensé le professeur de la solution de notre petit génie ?

Très franchement, sa réaction a de quoi décevoir ! En matière de tests élémentaires, les suites « évidentes » ne permettent de récompenser et d'évaluer que les jeunes déjà engagés dans un système de pensée préformaté. Voilà qui devrait engager à plus de réflexion. Notre instituteur n'en a manifestement pas conscience.

Pour en revenir à la solution remarquable du génial Big Bang, notons que les nombres premiers ont souvent fasciné mathématiciens et non-mathématiciens. L'un des plus célèbres parmi ces derniers est le romancier, cinéaste et auteur dramatique Marcel Pagnol. Voici ce que proposait le dramaturge dans ses *Inédits* :

Je crois avoir trouvé une formule qui permet de fabriquer des nombres premiers : c'est la petite équation suivante : soient x et $x+2$ deux impairs consécutifs, comme 5 et 7 ou 17 et 19. Alors $x+(x+2)+x(x+2)$ est un nombre premier. Ainsi $5+7+5\times7 = 47$ qui est bien premier. C'est-à-dire que la somme de deux impairs consécutifs et de leur produit est un premier. Nous avons donc une formule qui nous permet de construire des nombres premiers, et un moyen très simple de confirmer l'exactitude de nos calculs.

Que penser de la conjecture de Marcel Pagnol ? Elle se vérifie effectivement pour les plus petites valeurs de x. Mais quelques essais supplémentaires montrent bien à quel point elle est limitée. En effet, l'application de la formule de Pagnol à la valeur $x=15$ conduit au nombre $15+17+15\times17 = 287$ parfaitement divisible par 7.

Cet exemple montre bien la nécessité de la notion de démonstration. Ce n'est pas parce qu'une propriété a été observée un grand nombre de fois qu'elle est nécessairement toujours vraie. Et ici se vérifie l'essentielle différence entre les mathématiques et les sciences expérimentales. En maths, les propriétés sont démontrées dans un certain cadre axiomatique. En physique, les modèles et leurs lois sont acceptés tant qu'ils n'ont pas été invalidés par l'expérience. La chute des corps sur notre bonne vieille Terre ne peut être « démontrée ». Mais aucune expérience jusqu'ici n'a invalidé le modèle.

Un dernier exemple pour la route ? Que penser de la suite de nombres 1, 2, 3, 4, 5, 6, 7, 8, 9, ... Quel sera le nombre suivant ? Il est impossible de répondre à cette question sans connaître le critère choisi pour établir la suite. En effet, bon nombre de personnes auront tendance à répondre « 10 », alors que le critère de construction de la suite est peut-être « suite de nombres symétriques » et que dans ce cas le nombre suivant est 11, le suivant 22 et ainsi de suite.

Modèles mathématiques de mouvement perpétuel

En dehors du contexte musical dans lequel nombre de compositeurs se sont illustrés avec succès, pensons entre autres au grand virtuose Paganini, la recherche du mouvement perpétuel semble définitivement abandonnée. Dans notre monde de restriction et de conservation d'énergie, toute consommation a un prix. Et même les trajectoires plus ou moins régulières ou asymptotiquement chaotiques comme celle de la Terre autour du Soleil, sont vues comme des géodésiques dans un espace courbe. Nous aborderons le sujet dans la suite.

EXIT
POPOM POPOM!
EXIT
G61A.

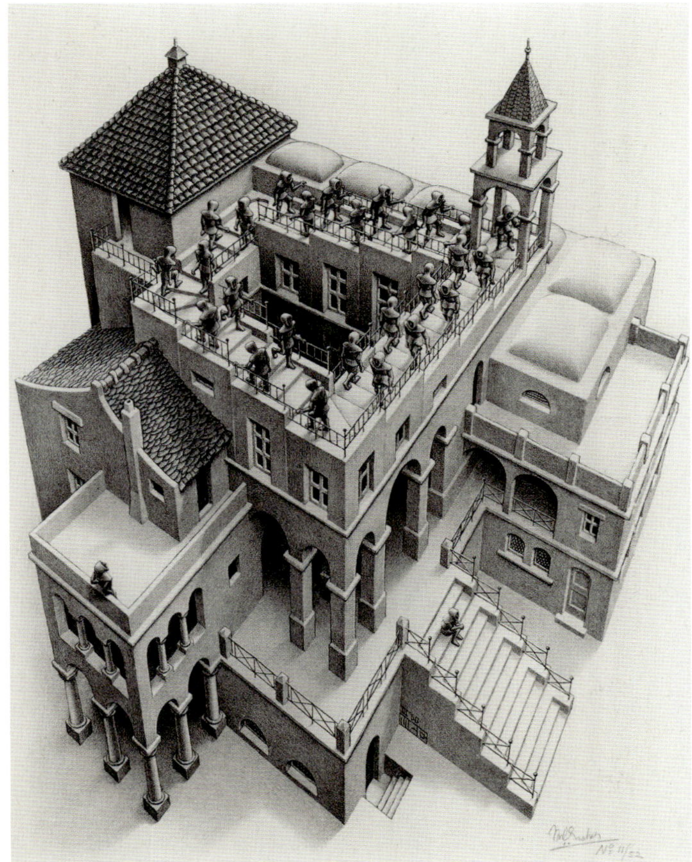

M.C. Escher's "Ascending and Descending" © 2023 The M.C. Escher Company – The Netherlands. All rights reserved. www.mcescher.com

Voici néanmoins un modèle étonnant de mouvement perpétuel dans lequel notre Petit Barbare fait preuve d'un courage extraordinaire, continuant sans relâche sa montée vers le statu quo (GO.02.45 et GO.02.46).

Quoique, progressivement, sa bonne humeur semble l'abandonner et la fatigue le gagner dès les cases 5 et 6.

Viennent ensuite le découragement, la colère et enfin l'épuisement.

Mais quel est donc le problème soumis à notre petit personnage ?

En fait, il a tout simplement pénétré dans un univers escherien.

Maurits Cornelis Escher (1898 – 1972) est cet artiste néerlandais, essentiellement connu pour ses gravures et lithographies qui représentent des constructions qui, bien qu'impossibles à construire, peuvent être dessinées en utilisant des astuces de perspective.

Il est étonnant de constater comment, en perspective, des droites de pente négative, donc « descendantes », peuvent donner l'illusion de la montée.

Modèles de physique mathématique

La très nécessaire hypothèse de la permanence des lois physiques

Le processus d'observation et de collecte de mesures n'a évidemment de sens que dans un univers dans lequel les « lois » de la physique sont permanentes. Mais cette hypothèse fait partie du monde des raisonnements plausibles. Elle ne peut en aucun cas être démontrée. Quelles que soient nos observations compatibles avec cette hypothèse, rien ne dit que des observations futures suivront les mêmes lois.

Dans le monde de Kid, les univers virtuels suivent des lois arbitraires, à la merci des concepteurs de jeux. Et rien ne dit que dans ces univers les lois soient immuables. Au cours de ses très nombreuses aventures, le Petit Barbare se retrouve ainsi face à une machine complexe, aux côtés d'une pile de feuilles (GO.06.35). Un ravin le sépare de la sortie espérée de cet univers menaçant. Comme à chaque fois, il procède à une première expérimentation en vue de concevoir le modèle idéal. Le voici qui introduit une feuille dans la machine qui se révèle une machine à plier d'où sort un avion capable de survoler le ravin. Notre Petit Barbare recommence alors l'expérience dans des conditions qu'il estime identiques. Avec cependant un résultat radicalement différent : le pliage débouche sur un petit bateau dont l'utilité pour la traversée du ravin semble compromise. Game Over.

La permanence des lois n'a pas que des effets positifs. Et notre Petit Barbare va en subir les conséquences désastreuses. À moins bien sûr qu'il ne faille plutôt parler de « permanence des effets ». Comme souvent, le héros se retrouve en présence d'affreux Blorks dont les intentions sont évidemment hostiles (GO.18.19). Comme souvent également, il se voit offrir un pistolet à rayons. Comment en déterminer la fonction ? Le Petit Barbare sait à présent qu'il lui faut procéder par expérimentations. Il darde donc le rayon sur le panneau « exit » qui se trouvé doté de pattes et se met

à courir avec une vélocité laissant les Blorks interdits. Un plan germe alors dans le cerveau du héros et le voilà qui vise un énorme roc.

L'effet du rayon est immédiat et attendu. Instantanément muni de pattes, le rocher s'élance vers la sortie en écrasant les monstres hostiles.

La partie est-elle gagnée pour autant ? La suite du gag nous renseigne. Car l'effet du pistolet à rayons semble définitif et rien, mis à part le corps de la Princesse, n'est à même d'arrêter la course folle des objets animés par le rayon maudit.

Les exemples de ce type fourmillent dans la saga. Voici notre petit héros en présence d'une fontaine magique dont les effets sont modélisés par une petite affiche présentant côte à côte un grand et un petit bonhomme. Il pourrait en déduire le modèle : « effet de l'eau = rétrécissement de tout objet » (GO.08.43). Enfin, pas vraiment. Parce que

BLORK
BLORK
BLORK
ZZZZMMMMMM
TOC
TOC
BLORK
BLORK
BLORK
ZZZZMMMMM
GLP
ZZZZMMMMM
GNNNNN
G163
GAME OVER
MIDAM_ADAM_FRANÇOIS RAUCENT

certains objets ne sont pas affectés par les effets de l'eau puisque la fontaine conserve son apparence et son volume. Un modèle plus pertinent serait donc : « effet de l'eau = rétrécissement de tout objet non minéral ». Mais rien ne dit que d'autres matières ne résistent pas à ses effets. L'eau pourrait-elle ne rétrécir que les objets vivants ?

Un test lui permet d'affiner son modèle. En effet, il récolte l'eau merveilleuse dans son casque... qui ne rétrécit pas. Il en tire le modèle modifié provisoire : « effet de l'eau = rétrécissement de tout objet non minéral ou non métallique ». Un Blork arrive, menaçant, comme toujours. Aspergé d'eau, il se retrouve réduit à l'état de modèle réduit inoffensif. Apparemment le modèle modifié était bien correct et le voilà validé, le bouclier métallique de notre Blork n'étant pas affecté par les effets incroyables de l'eau. Rassuré notre P.B. saute dans ledit bouclier pour écraser le mini-Blork et reprend son cheminement vers la sortie puis... remet son casque. Hélas ! Ce dernier n'était pas totalement sec et l'eau résiduelle a bien l'effet attendu sur notre modèle vivant qui, rétréci comme prévu, se retrouve prisonnier sous son propre casque.

La permanence des lois est à la base de tous les modèles scientifiques. C'est elle qui permet de passer des modèles descriptifs aux modèles prédictifs. Grâce à eux, le monde qui nous entoure cesse d'être en apparence aléatoire, voire hostile, pour devenir prévisible et donc gérable. Quoique... La connaissance des effets d'un rayon et la certitude de leur permanence ne permet pas nécessairement au Petit Barbare d'éviter tout désagrément.

Voici un rayon transformant tout Blork en statue de granit ou de béton (GO.04.44). L'expérience répétée confirme le modèle et le valide. Mais, précisément ? N'est-ce pas la permanence même des effets qui va poser problème ?

Car, une fois le malheureux héros prisonnier d'un nouveau Blork, la transformation de ce dernier en bloc de granit (béton) est bien ce qui va causer la perte du Petit Barbare.

Si la permanence des effets est parfois dangereuse, qu'en est-il de l'effet inverse ? Comment réagir lorsque certains effets ne sont que provisoires ? C'est à cette question que le Petit Barbare doit répondre dans l'aventure ci-contre (GO.18.39).

Une nouvelle fois, un pistolet à rayons est offert à nos héros. Il importe de tester ses effets. Seul objet disponible : le panneau « exit » qui, sous les effets magiques du rayon, se transforme en joli coquillage.

L'arrivée d'une bande de Blorks furieux permet au P.B. de faire une nouvelle fois usage de son arme providentielle. Et les Blorks sont eux aussi transformés en jolis

coquillages. Il ne reste donc plus à nos héros qu'à se diriger vers la sortie du niveau de jeu.

C'est à ce moment que le panneau « exit » se rematérialise sous les yeux étonnés du Barbare. Qu'en sera-t-il des Blorks ? Pour notre héros, c'est évident et, sans regarder derrière lui, le voilà qui entraîne sa compagne en toute hâte vers la sortie.

Hélas ! Les coquillages étaient si jolis. Et ils formaient un si beau collier... Un collier qui n'a pas tardé à reprendre sa forme initiale.

Si les lois physiques doivent être universelles, elles n'en sont pas moins soumises à un

domaine de validité limité. Le Petit Barbare va en faire les frais dans une aventure qui n'est pas sans rappeler *Le Passe-muraille* de Marcel Aymé (GO.03.17).

On remarque ici que notre héros franchit effectivement sans difficulté toute une série de structures prenant la forme de panneaux, mais qu'il reste néanmoins bien fermement appuyé sur le sol, imitant ainsi Garou-Garou, le héros de Marcel Aymé.

Mais en sera-t-il toujours ainsi ? Les deux dernières cases répondent à cette angoissante interrogation.

Le modèle est-il pour autant mis en péril ? Pas vraiment, car la structure du sol dans lequel notre héros s'enfonce est très exactement la même que celle des murs au travers desquels il se faufilait.

Réflexions sur la réflexion

L'observation du réel serait à l'origine de bien des théories mathématiques. Mais qu'en est-il du curieux modèle de réflexivité que nous propose le paternel de Kid lorsqu'il délaisse l'arrosage de ses fleurs pour s'emparer imprudemment d'un des jouets de son rejeton (KP.04.44) ?

Gageons que nul n'a jamais observé un jet farceur comme celui qui éclabousse notre pauvre anti-héros.

Curieusement, ce sont les lois classiques de la physique optique (angle d'incidence égal à l'angle de réflexion) dans le cas d'utilisation de miroirs, qui sont représentées ici et qui sont d'ailleurs assez bien respectées dès le deuxième changement de direction du jet gluant…

Quant au jet initial, il aurait dû en toute logique se réfléchir sur lui-même provoquant un véritable chaos, ce qui aurait accéléré l'effet comique du gag. Quoique...

Toutes ces considérations ne sont évidemment valides que dans le cadre de l'optique et de la propagation de la lumière. Mais qu'en est-il dans le cas d'un flux « matériel » (eau ou toute matière gluante) ? Dans ce cas, quelle que soit la densité du liquide, on aurait sans doute eu droit, en fonction de la pression du pistolet, à une véritable fontaine horizontale qui aurait (ou non) recouvert le malheureux paternel.

Quoi qu'il en soit, nous voilà en présence d'un bien curieux univers dans lequel les lois de la physique peuvent varier à tout moment.

Il s'agit là alors d'un environnement très difficile à modéliser. Revenons dans le cadre de l'optique en admettant (?) que ce soient ses lois qui régissent aussi les trajectoires de flux matériels. Pourquoi pas, après tout. Peut-on corriger le premier effet en ce sens de façon à rétablir la cohérence du tout ? Il suffit pour cela de redessiner la cible en lui donnant la direction perpendiculaire à la « normale », qui doit ici coïncider avec la bissectrice des jets incidents et réfléchis. Pas plus compliqué que ça !

Modèles gravitationnels

La gravitation universelle est très loin d'être un phénomène simple. Les modèles utilisés aujourd'hui ont mis des siècles, voire des millénaires à se construire et, surtout, à être acceptés. Plusieurs raisons expliquent l'ensemble des réticences qui se sont manifestées à leur égard au fil des siècles. En premier lieu, les lois de la gravitation ne nous sont pas directement perceptibles. Elles ne sont pas intuitives et ceci, au regard des modèles sophistiqués développés actuellement, est de plus en plus vrai. Elles s'opposent également à certains écrits sacrés, suscitant ainsi l'opposition ferme des autorités religieuses comme en témoigne notamment la célèbre « affaire Galilée ». Bref, rien n'est évident en matière de gravitation et le sujet mérite que l'on s'y attarde, ce d'autant plus que notre petit héros n'a pas manqué d'en affronter les effets à de nombreuses reprises. Un petit historique va d'ailleurs s'avérer nécessaire pour aborder le sujet de manière progressive, avant d'oser parler de relativité générale ou encore de théorie des cordes.

Car l'histoire des théories gravitationnelle est multiple et variée. Partant d'un phénomène en apparence banal et quotidiennement observable, à savoir la chute des corps, différentes théories nous ont amené progressivement à repenser l'univers dans son ensemble de façon révolutionnaire et novatrice. Bref, le sujet va se révéler lourd de conséquences intellectuelles et philosophiques. Un peu d'étymologie n'est pas inutile à ce stade. Le terme « gravitation » et l'adjectif « grave » ont la même origine. Tous deux proviennent directement du latin *gravis* signifiant lourd, pesant, imposant, et de là, parfois, dur, voir même pénible. En remontant encore quelque peu, on peut retourner à l'indo-européen *grehus* qui a donné à la fois le grec βαρυσ, le latin *gravis* et le sanskrit *guru* dans lequel on reconnaît le terme actuel de gourou. Car le terme sanskrit possède à la fois un sens matériel (pesant) et métaphorique (sérieux). Le sujet est donc loin d'être futile et ne peut être traité avec légèreté.

Pour Aristote (de 384 à 322 avant notre ère), tout corps lourd présente une « tendance naturelle à rejoindre son lieu naturel qui est le centre de la Terre ». Remarquons que cette affirmation contient implicitement l'hypothèse de la sphéricité de la Terre, prouvant ainsi que le philosophe et savant grec avait déjà une bonne idée de la nature de notre lieu de vie. Mais une autre constatation s'impose également à la lecture des propos du philosophe : pour lui, les lois de la physique régissant les phénomènes observables sur Terre devaient différer de l'ensemble des phénomènes observables dans le ciel. L'univers se divisait en deux mondes distincts : le monde sublunaire, comprenant « tout ce qui se trouve entre la Terre et la Lune » et le monde supralunaire, s'étendant au-delà de notre satellite ! La version de la gravité défendue par le pédagogue grec faisait alors partie des lois régissant le monde sublunaire, un monde imparfait et changeant, qui n'expliquerait en rien le comportement des corps célestes s'intégrant quant à eux dans un monde parfait constitué de sphères et de mouvements réguliers immuables suivant de parfaites trajectoires circulaires. Toujours cette idée de la perfection se traduisant par la comparaison avec des formes géométriques. Qu'on me dise pourquoi un cercle serait plus parfait qu'une ellipse !

Il faut cependant avouer que l'idée d'Aristote décrit assez bien les phénomènes observables localement à la surface de notre globe. Notre ami Kid Paddle en sera souvent le témoin : sur notre bonne vieille planète, les objets ont une fâcheuse tendance à être « attirés par le centre de la Terre ». Pour s'en convaincre, ouvrons le quatrième opuscule narrant ses différentes expériences (KP.04.04). Le voilà jouant sur la plage et entamant la construction d'un incroyable château de sable. À moins bien sûr que le Kid n'ait d'autres projets...

Et c'est effectivement le cas. Car ce n'est pas un magnifique castel qu'il peaufine en compagnie de son ami Horace, mais un monstrueux Blork à la gueule ouverte et menaçante, qui s'apprête d'ailleurs à dévorer l'inconscient gamin.

Reste à savoir si cette situation restera stable, car on sait ce qu'il advient quand on bâtit sur du sable…

Et les effets gravitationnels ne tardent bien sûr pas à se faire sentir.

Pour que l'on songe à universaliser, quantifier et répertorier les phénomènes gravitationnels dans le domaine supralunaire, il fallut attendre le VIIIe siècle de notre ère et le mathématicien astronome et géographe Mohamed ibn Musa Al-Khwarizmi (vers 783 - vers 850), surtout connu aujourd'hui pour avoir écrit ce qui est considéré comme le premier manuel d'algèbre, une discipline mathématique qui doit d'ailleurs son nom à l'arabe signifiant « la restauration ». Al-Khwarizmi (dont le patronyme a donné le français algorithme pour désigner toute procédure itérative de calcul) est l'auteur de ce que l'on appelle un *zij* ou *zyj*, à savoir un ensemble de tables permettant de connaître et de retrouver (grâce à un certain nombre d'astuces) la position de certains astres dans le ciel à une date donnée. Précisons qu'il ne s'agit pas là d'un véritable traité d'astronomie ou d'un quelconque modèle théorique, mais plutôt d'un ouvrage pratique à orientation astrologique, ce qui nous autorise à évoquer une anecdote amusante. Selon l'historien Tabari, Al-Khwarizmi aurait ainsi prédit la très longue durée de vie du calife (et les cinquante ans qui lui restaient à vivre) alors que ce dernier mourut dix jours après la prédiction, ce qui nous éclaire plutôt bien sur la fiabilité de la méthode. Reste néanmoins que les tables du savant seront quant à elles plus pérennes et qu'elles seront d'ailleurs reprises et corrigées à de nombreuses reprises dans les siècles qui suivirent sans pour autant qu'un modèle théorique n'émerge.

Bref, pour que naisse une véritable théorie de la gravitation, et qu'advienne la réunion des mondes sub- et supralunaires, il faudra encore attendre. Les siècles passèrent, établissant la vision aristotélicienne en véritable dogme soutenu par les autorités religieuses. Mais les progrès de la science sont inéluctables. Dès le début du XVIIe siècle, le mathématicien, géomètre, physicien et astronome italien Galilée (1564 - 1642), équipé de l'une des premières lunettes astronomiques, découvre, observe et répertorie un monde stellaire varié, étonnant et riche. Ses observations, publiées en 1610, établissant avec certitude la réalité d'un système héliocentrique et non géocentrique, provoquèrent un véritable bouleversement dans le monde scientifique et, surtout, la colère de l'Église. On connaît la suite, sa condamnation, suivie de la réfutation qui lui fut imposée de son système, de même que son fameux et sans doute mythique « et pourtant, elle tourne ».

La petite histoire rapporte que Galilée se serait intéressé à la chute des corps, en procédant à de multiples expériences du haut de la tour de Pise, constatant alors que des balles lourdes et de poids différents avaient exactement le même temps de chute. Mais rien n'est sûr en la matière. Il se serait également intéressé à ce temps de chute comme une fonction de la hauteur. S'il est vrai que le système d'Aristote abordait déjà le problème, ce dernier estimait que la vitesse de chute d'un corps dépendait en fait de « sa capacité à fendre le milieu ». Le modèle du savant antique était donc une fonction non seulement du poids de l'objet mais également de sa forme et de son orientation.

Notre petit Kid est également intéressé par le même genre d'expérimentations qu'il développera à plusieurs reprises. Le voilà par exemple qui reprend les expériences du grand Galilée en en actualisant le propos (KP.08.44) tout en provoquant la chute de plusieurs figurines en plasticine de hauteurs différentes, contextualisant les expériences en les situant aux différents étages de la tour Eiffel. Les observations sont à chaque fois dûment commentées et agrémentées de jolies petites histoires.

Mais quelles conclusions va-t-il pouvoir en tirer ?

On le constate, une relation est établie entre la hauteur de la chute et la vitesse du corps à l'arrivée. Un bon point pour le Kid ! Mais on est encore très loin de l'établissement d'un modèle incluant une description expliquée doublée d'éléments prévisionnels.

Des expériences en grandeur réelle sont également tentées afin de bien appréhender les effets des forces gravitationnelles. Notre Big Bang aurait découvert les secrets du « Vril », cette force mystérieuse chère aux ouvrages de science-fiction, en présentant le premier annulateur de gravité (KP.02.03)

La suite de l'histoire nous renseigne très précisément sur la nature réelle de cette force occulte dont les effets sont particulièrement appréciés par le Kid.

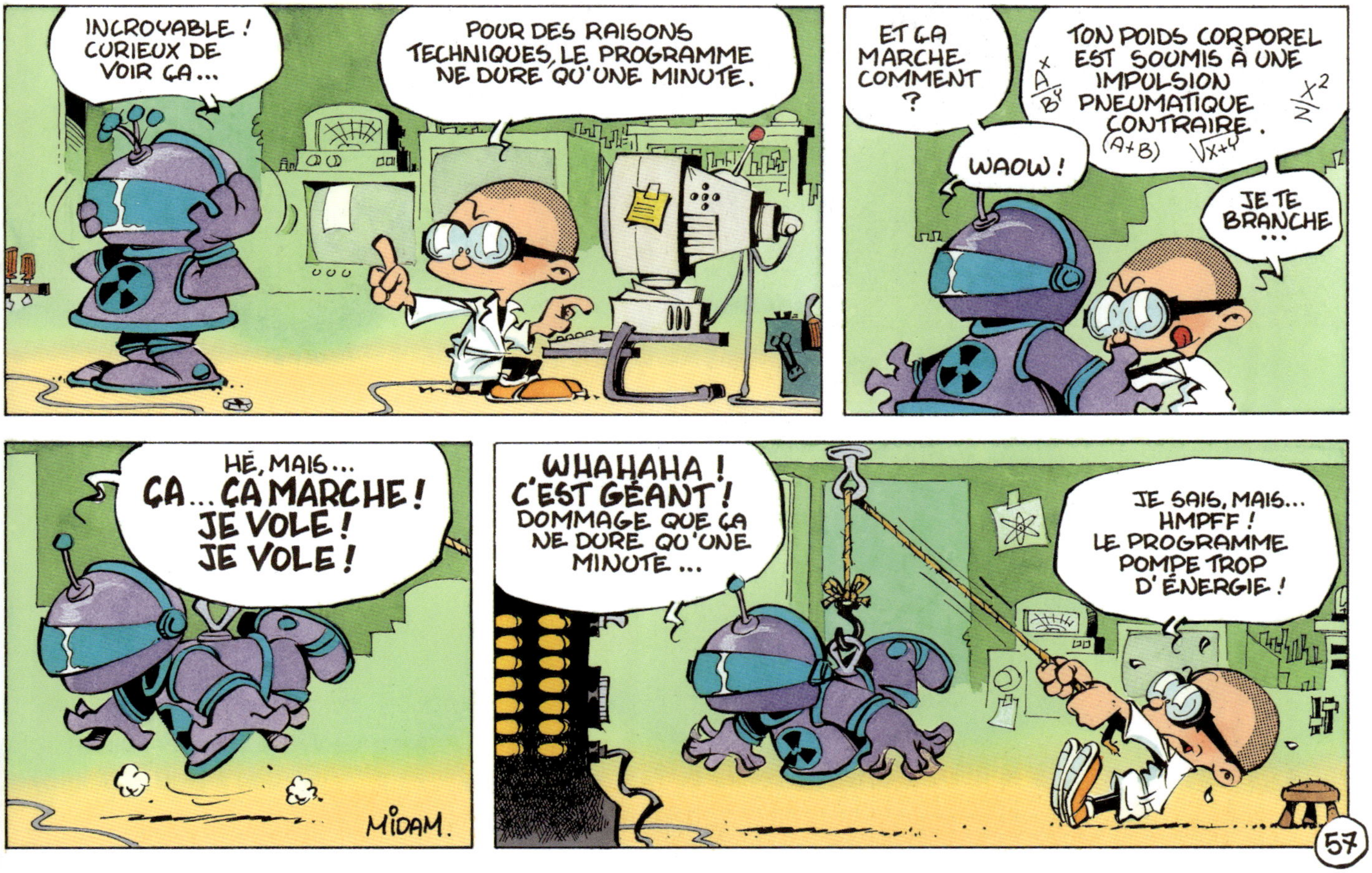

La force gravitationnelle s'exerce également dans le monde virtuel, comme le Petit Barbare va l'apprendre à ses dépens (GO.04.45).

Le pistolet à rayon laser étant inefficace, le voilà qui s'enquiert d'une arme plus lourde.

Trop lourde, peut-être ?

Grâce aux conseils de son jeune instituteur, Kid et ses amis vont cependant s'engager progressivement sur le long chemin qui mène à la modélisation.

De nouvelles expériences sont pour cela nécessaires (KP.11.36), et l'on constate que des termes à consonance scientifique apparaissent sous la dictée du maître, comme ceux « d'énergie potentielle » (relative à la position) et « d'énergie cinétique » (consécutive à la vitesse), dûment illustrées toutes deux.

La fin de l'expérience (heureusement virtuelle) n'est malheureusement que trop prévisible : Game Over !

Pour envisager la modélisation d'un phénomène comme celui de la chute des corps, il fallut attendre les débuts du calcul différentiel (avec un « t »), même si la référence à la notion de « différence » y semble plutôt évidente. Car nombreux sont les phénomènes physiques qui sont modélisables par la prise en compte de leurs variations. En mathématiques, le calcul des variations s'est formalisé dans le cadre de l'analyse, qui introduit d'une part la notion de fonction et d'autre part celle de dérivée d'une fonction, qui n'est rien d'autre qu'une mesure bien particulière des variations de la fonction initiale.

Lorsqu'un corps chute (par exemple du haut de la tour de Pise), sa position change à chaque instant, jusqu'à ce que le corps s'écrase sur le sol comme les petites figurines en plasticine du Kid. On dit que cette position dépend du temps, ou encore qu'elle est fonction du temps. Notons par exemple $e(t)$ la fonction décrivant la position de l'objet en fonction du temps. Comment définir sa vitesse ? La vitesse modélise l'espace parcouru pendant un certain intervalle de temps. Ainsi, rouler à 30 kilomètres à l'heure (ce qui devient la norme dans beaucoup de villes européennes) revient à parcourir une distance de 30 kilomètres en une heure. « Trivial ! », me direz-vous ? Oui, mais cette description ouvre des perspectives gigantesques. Car l'espace parcouru par un mobile peut être vu comme une différence de position.

Ainsi entre l'instant 0 et l'instant 1, l'espace parcouru vaut $e(1)$-$e(0)$. Quand notre objet choit de la tour de Pise, on peut mesurer pour tout intervalle de temps l'espace parcouru pendant cet intervalle de temps et relativiser cette notion en se référant à une unité de temps choisie par convention. On se rend compte, ici, que les unités de « kilomètre » et « d'heure » sont loin d'être pratiques. En physique mathématique, on choisit donc de travailler en « mètres » et en « secondes ». Le dernier choix a aussi l'avantage de se référer à un système décimal, ce que notre façon usuelle de mesurer le temps, héritée de la plus haute Antiquité, n'est pas !

Mais l'équipe du Kid l'a constaté lors de sa première expérience : plus la chute d'un objet est longue, plus il prend de la vitesse, le tout étant matérialisé par une déformation de plus en plus grande des figurines de plasticine ! La vitesse acquise lors d'une chute n'est donc pas constante. Il convient alors de mesurer ses variations. On en vient donc à mesurer les variations de variations d'espace parcouru. C'est la notion d'accélération !

Formellement, les variations par unité de mesure d'une fonction se sont transformées en « fonction dérivée ». Comment cette transformation s'est-elle opérée ? Tout simplement en prenant en compte des intervalles de temps de plus en plus petits. En effet, si la vitesse d'un corps augmente à chaque instant, la mesure effectuée dépendra forcément de l'intervalle de temps choisi pour la mesurer. L'idée est alors de mesurer des variations par unité de mesure (ici de temps) pour des intervalles de temps très petits. En analyse, on parlera d'intervalles de temps infiniment petits (terminologie dite « non-standard »). La fonction dérivée ainsi obtenue est généralement caractérisée par l'ajout d'une apostrophe « ' », lue « prime ». Dans le cas de la chute des corps, on dira que la vitesse du corps est représentée par la dérivée de l'espace parcouru et l'on notera $v(t)=e'(t)$. Le même raisonnement conduit à la définition de l'accélération qui sera vue comme la dérivée de la vitesse ou encore comme la dérivée seconde de l'espace parcouru : $a(t)=v'(t)=e''(t)$. On remarquera la notation « prime prime » pour représenter la dérivée dite « seconde ». Tout est dès lors prêt pour une modélisation efficace de la chute des corps.

Et, enfin, Newton vint à la rescousse. S'il est une date à retenir, c'est bien le 5 juillet 1687 correspondant à la première publication de l'ouvrage fondateur de l'astronomie moderne, à savoir *Philosophiæ Naturalis Principia Mathematica*, que l'on peut traduire par *Principes mathématiques de la philosophie naturelle*, un traité dans lequel Isaac Newton introduit une loi universelle de gravitation qui doit décrire aussi bien la chute des corps sur Terre que les mouvements de tous les astres dans l'espace. Depuis lors, la physique de la Terre ne se distinguera plus de celle des autres corps célestes. Notre planète est devenue un objet comme les autres.

Pour le génial physicien, la « loi de la gravitation » postule (notamment) l'existence d'une force responsable de l'attraction exercée réciproquement par deux masses. Dans le cas de la chute des corps, cette force, exercée par la Terre sur tout corps voisin, se traduit par une accélération constante (notée *g* pour gravitation) dont l'ampleur varie peu en différents points de notre globe. Cette présentation formelle nous ouvre les portes d'une première modélisation. En effet, car si la variation de vitesse (ou accélération) est constante, c'est obligatoirement que la vitesse doit être proportionnelle au temps. Dans le cas d'un objet balancé dans le vide, sa vitesse initiale est nulle et l'on a donc : $v(t)=gt$. On peut généraliser cette formule en tenant compte d'une vitesse initiale et écrire enfin :

$$v(t)=v_0+gt.$$

Reste à passer à la description de la position de l'objet, soit à construire la fonction $e(t)$.

Des expériences menées sur des plans inclinés (de façon à ralentir la chute) montrent que les espaces parcourus pendant des intervalles identiques (toutes les secondes par exemples) suivent la séquence des nombres impairs ! Les espaces parcourus doivent donc suivre la séquence des carrés. En effet, pour passer de 1 à 4, il faut ajouter 3, pour passer de 4 à 9, il faut ajouter 5 et ainsi de suite. Le lecteur peut s'amuser à poursuivre les calculs. Généralisons le tout et utilisons les fameux et horribles « produits remarquables » qui furent les cauchemars de générations d'élèves (dont le Kid). On calcule en effet que (n+1) au carré vaut n au carré plus… (2n+1) soit un nombre impair ! Il ne reste plus qu'à ajuster quelque peu nos coefficients pour obtenir enfin la modélisation parfaite… ou peu s'en faut (on suppose ici que $e(0)$, la position initiale, coïncide avec l'origine, le point de départ, et donc que $e(0)=0$) :

$$e(t) = v_0 t + g\,\frac{t^2}{2}$$

Pour mesurer la profondeur d'un puits, par exemple, il suffit d'y jeter une pièce de monnaie (ou un petit caillou si vous êtes avare) et de compter les secondes écoulées, car l'accélération *g*, mesurée en mètres par seconde au carré, est très proche de 10 (de l'ordre de 9,8). Pour une pièce lâchée (sans vitesse initiale et donc avec $v_0=0$), la formule se simplifie en :

$$e(t) = 5t^2$$

Si la pièce met 3 secondes à atteindre la surface de l'eau du puits, ce qui se caractérise généralement par un « plouf » difficilement perceptible, sa profondeur peut être estimée à 5 fois 9 soit 45 mètres. Reste encore à justifier l'unité d'accélération et ces curieuses « secondes au carré ». La vitesse se mesure par exemple en mètres par seconde. Mais si, toutes les secondes, cette vitesse varie, l'accélération mesure donc bien des variations de « mètres par seconde », par seconde, ce qui explique le « carré » traduisant la double référence à l'unité de temps.

Le problème a l'air réglé. Mais il n'en est rien. En laissant tomber simultanément des objets très différents dans leurs formes et dans leur masse depuis des hauteurs raisonnables, tout semble en effet souvent se conformer au modèle que nous venons de construire. Mais, dès que la hauteur de chute croît, des différences par rapport au modèle apparaissent, différences que Galilée, encore lui, n'a pas hésité à attribuer au frottement de l'air, expliquant ainsi les différences observées pour des hauteurs raisonnables de chute entre une bille et une feuille de papier. En gros, pour les chutes de hauteurs importantes, la vitesse en vient, progressivement, à se stabiliser, à devenir constante et égale à V. Et c'est bien heureux pour tous les parachutistes du monde, quoique dans ce cas la vitesse maximale, contrariée par l'ampleur de la voile, soit bien inférieure à V.

44

45

Le phénomène apparaît clairement lors de l'une des aventures du petit barbare (KP.05.44 à KP.05.46). Après avoir vaincu une armée de Blorks, le voilà contraint de sauter dans le vide pour atteindre la sortie du niveau de jeu. Mais le saut sera plus long que prévu. Heureusement sa vitesse se stabilise assez rapidement et la chute de se poursuivre.

Apparemment l'univers virtuel dans lequel évolue le Petit Barbare n'a que de lointains rapports avec le nôtre. Car la durée (plusieurs heures) de la chute à vitesse désormais constante est totalement incompatible avec toute situation crédible dans notre monde réel. Qu'importe : c'est là la liberté de l'auteur du jeu !

Et, comme il faut s'y attendre, l'aventure se termine mal. Lassé de cette chute interminable, le héros s'endort... Il n'est d'ailleurs pas le seul à sombrer dans les bras de Morphée !

Reste la question fondamentale : comment modéliser les effets de la résistance de l'air ? Il faut partir d'une constatation empirique : plus la vitesse du corps en chute est grande, plus la résistance de l'air se fait sentir. Il existe donc une vitesse maximale pouvant être atteinte par le corps. Notons alors, comme plus haut, V cette vitesse au-delà de laquelle l'accélération due à la gravité ne se fait plus sentir. La mise en équation

reste élémentaire, même si la résolution de l'équation à laquelle on arrive est nettement moins « sympathique ». Il faut exprimer le fait que, dès que la vitesse maximale V est atteinte, l'accélération devient nulle, ce qui peut se faire en postulant que :

$$a(t) = v'(t) = g\left(1 - \frac{v(t)}{V}\right)$$

On le vérifie, dès que la vitesse atteinte par le corps atteint V, l'accélération s'annule, ce qui est bien l'effet recherché. En revenant à la fonction initiale qui décrit l'espace parcouru, on tombe (en se faisant à peu près aussi mal que le Petit Barbare), sur une équation dite « différentielle du second ordre linéaire » dont nous n'imposerons pas la méthode de résolution à notre malheureux lecteur. Mais la solution existe bel et bien, et c'est cela seul qui intéresse le modélisateur.

Le monde du Petit Barbare est un univers magique dans lequel, d'un coup de baguette, le décor est susceptible de changer. On peut ainsi passer instantanément de la montagne à la mer. Si ce n'est que ces transformations peuvent parfois avoir des conséquences inattendues (KP.17.12 et KP.17.13). C'est le cas dans l'aventure ci-dessous dans laquelle le Petit Barbare constate qu'une simple pression sur un bouton le fait passer du grand air des Alpes (ou de tout autre chaîne de montagne) aux profondeurs d'un océan. Et aussitôt, un plan mûrit dans son cerveau fertile pour délivrer la Princesse, séparée de lui par un fossé profond. En passant du milieu aérien au milieu aquatique, il fait disparaître les effets de la gravité et peut donc se déplacer vers la malheureuse captive. C'est toujours une conséquence de la même loi physique. Car le milieu marin a une densité comparable à celle d'un corps humain et subit donc exactement la même force.

Une fois la Princesse libérée, il convient de passer un nouveau gouffre pour enfin atteindre la sortie. Hélas, un Blork menaçant surgit. Le Petit Barbare élabore alors une stratégie subtile, en repassant en milieu marin…

ce qui incite le Blork à le rejoindre. Hop ! D'un nouveau clic (ou clack), notre héros se retrouve à nouveau en milieu aérien, provoquant la chute du Blork, mais également celle de la Princesse qui avait décidé de rejoindre la surface. Game Over !

Les lois de la gravitation influencent également notre biologie. Tout être vivant sur Terre doit se soumettre à ces lois. C'est ainsi que les fourmis et araignées géantes des films d'horreur font partie de la plus haute fantaisie. Car un être deux fois plus grand en dimension a une masse huit fois plus grande et est en fait huit fois plus lourd. Il subit donc les lois de la gravité avec une intensité très vite insoutenable. Manifestement, cela n'est pas le cas dans l'univers virtuel du Petit Barbare (KP.02.17). Car il est peu probable que, dans le monde réel, le géant qu'il doit affronter ait des gambettes et des petons assez solides pour soutenir son poids phénoménal !

Non ! Vraiment ! L'univers du Petit Barbare ne se soumet pas toujours aux lois de la gravitation. Pour preuve, analysons encore l'aventure suivante dans laquelle la sortie s'atteint en creusant verticalement (GO.03.10), ce que notre héros ne se prive pas de faire. Cependant, la dernière case de la ligne deux interpelle le lecteur : par quelle force le terrassier est-il entraîné ?

La solution apparaît enfin, mais elle est en totale contradiction avec la loi de la gravitation et avec l'expérience. Car le corps du petit héros n'est en rien attiré par le centre de la petite planète ! Et le voilà qui chute dans le vide absolu, en dépit de toutes les expériences réalisées sur notre bonne vieille Terre.

Car que dit très exactement la loi de Newton ? Elle précise que deux corps ayant une masse exercent chacun l'un sur l'autre une force qui est proportionnelle au produit des deux masses et inversement proportionnelle au carré de la distance qui les sépare. Que la force dépende de la masse a l'air assez intuitif. Une masse plus importante va exercer une force plus grande. Mais comment justifier l'inverse proportion au carré de la distance ? En fait, c'est assez simple. Imaginons qu'un point de l'espace génère à un moment donné une quantité d'énergie qui va se disperser dans toutes les directions de l'espace à vitesse constante (celle de la lumière ?). Cette quantité d'énergie va donc se répandre sur une sphère de rayon croissant. En supposant que cette quantité d'énergie reste globalement constante, sa densité va diminuer proportionnellement à la surface de la sphère, une valeur qui, elle, est proportionnelle à son rayon au carré. L'explication est donc assez intuitive.

Le formalisme associé à la loi de la gravitation est bien connu de nos petits héros. Et ils ne se privent pas de l'énoncer avec rigueur. Ouvrons en effet le tome 17 des aventures du Kid (KP.17.30).

Tout commence par la description apocalyptique de la fin de vie de notre système solaire. Rassurons-nous, nous avons encore quelques milliards d'années

devant nous avant ce triste événement. Et l'espèce humaine aura cessé depuis longtemps de parcourir (et de détruire) notre petite planète.

Big Bang propose alors sa solution au problème épineux de la disparition de notre petit monde. Ses calculs se mettent en place et la fameuse loi de la gravitation apparaît explicitement dans le phylactère sous sa forme classique :

$$\vec{F} = G\,\frac{m_T m_L}{d_{TL}^2}$$

Les données numériques fournies par Big Bang sont rigoureusement exactes. Reste peut-être à expliquer l'unité choisie, à savoir le newton, hommage évident au célèbre physicien. Le newton se définit dans le cadre de notre système métrique MKS (mètre, kilo, seconde). Il représente la force nécessaire pour accélérer une masse d'un kilo d'un mètre par seconde, chaque seconde.

La formule de Big Bang figure d'ailleurs en plein centre de la dernière image du gag en une page comme le montre le zoom ci-contre.

Cet exemple n'est pas unique. Des explosions de formules et de données numériques peuplent également les visions étranges de Big Bang (KP.12.15) rêvassant lors d'un clair de lune en compagnie de ses deux amis de toujours.

La constante gravitationnelle que cette loi introduit est évidemment une fonction de notre système (arbitraire) d'unités de mesure. Cette dernière est aujourd'hui estimée avec une précision tout à fait remarquable. Les trajectoires des planètes autour du Soleil sont parfaitement modélisables et prennent l'aspect d'ellipses presque parfaites. Quoique… Si l'on prend en compte le Soleil et la Terre, l'équation qui en résulte peut être résolue. C'est le problème dit « des deux corps ». Mais dès que l'on prend en compte un astre supplémentaire (le Soleil, la Terre et la Lune par exemple), les choses changent. Le « problème des *n* corps » attend toujours une solution exacte, même si des méthodes approchées sont développées depuis les importants travaux de Poincaré.

Le problème des trois corps est illustré dans les extraordinaires aventures du Petit Barbare (GO.20.21). Mais il nous faut cependant douter de la pertinence de la solution qui y est apportée, peu susceptible de convaincre les physiciens.

En effet, que constatons-nous ? Un pistolet aux curieux rayons paraît transformer toute masse en une mini-planète. Curieusement, celle-ci semble flotter dans les airs. Serait-elle aussi légère qu'un ballon ?

Mais voilà qu'apparaissent deux Blorks agressifs de tailles très différentes.

Quel sera l'effet sur eux du terrible rayon ?

La réponse à cette angoissante question nous est rapidement fournie. Sans surprise, les deux monstres se voient illico transformés en deux planètes jumelles, en rotation relative, avec les effets que l'on devine. Mais qu'en est-il de la « consistance » de ces mini-planètes ? Et si elles sont aussi légères que leur flottement dans l'air doit le laisser supposer, comment dans ce cas, peuvent-elles vraiment faire le moindre mal au Petit Barbare ?

Soit ! Revenons-en à la loi de la gravitation universelle. Quoiqu'en fait, à ce stade, tout semble plié. Tout semble dit. Certes les équations générales issues de la loi de Newton, tenant compte de toutes les planètes du système solaire, n'ont pas de solutions explicites et agréables, mais on les connaît. On peut les approcher avec une précision suffisante. Est-ce pour autant la fin du problème ? Eh bien non ! Car tout cela, c'était sans compter ce diable d'Einstein et sa relativité générale, qui va chambouler totalement notre façon de concevoir l'univers dans son ensemble. La loi de Newton suppose l'existence d'une force « instantanée », s'exerçant à tout moment sur tout corps. Mais dès le cadre de la relativité restreinte (1905), des bornes sont mises quant à la vitesse maximale de toute chose. Le caractère d'action à distance instantanée de la gravitation newtonienne n'était donc pas compatible avec les conséquences des modèles du grand Albert portant sur la vitesse de la lumière. Pour l'illustre physicien, la théorie de la gravitation va s'intégrer dans le cadre beaucoup plus vaste de la théorie de la relativité générale. Dans ses travaux publiés en 1915, le savant introduit un nouveau paradigme. La notion de force disparaît de la description qu'il fait de notre univers. L'attraction cesse d'être un phénomène physique pour devenir une conséquence de la géométrie de l'espace. L'idée est simple et va conduire à la célèbre équation d'Einstein qui établit une relation entre la métrique de l'espace (la façon dont on y mesure les distances) et la présence en son sein d'énergie ou de matière qui déforme cet espace. Si l'espace est courbe, si les trajectoires d'objets dans cet espace ne sont pas linéaires, c'est parce que la présence d'énergie et de matière déforme la structure même de l'espace. Ce que Newton a décrit comme l'attraction de corps massifs entre eux n'est plus perçu par Einstein comme une force mais plutôt comme une conséquence de la déformation de la géométrie de l'espace-temps par les objets massifs qui s'y trouvent. La notion de « force gravitationnelle » disparaît. Elle est remplacée par celle d'« interaction gravitationnelle ».

Cette façon de voir élimine évidemment le paradoxe lié à l'instantanéité de l'effet gravitationnel puisque c'est la structure même de l'espace qui détermine les trajectoires !

Dans le nouveau paradigme, c'est donc la présence de matière qui déforme l'espace et empêche des trajectoires linéaires. Autour du Soleil, la meilleure trajectoire possible est, à peu de choses près, une ellipse. Au voisinage de notre bonne vieille Terre, c'est un arc de cercle. Ces faits semblent bien intégrés dans l'une des aventures du Petit Barbare (GO.02.35).

Accompagné de la Princesse, le héros se retrouve en présence d'un arc et de flèches. Il n'en voit pas l'utilité immédiatement. Et, comme à son habitude, il procède à une expérimentation. Une flèche est tirée et part, apparemment en ligne droite. Mais est-ce bien le cas ? Hélas ! L'influence d'une planète massive se fait terriblement sentir et la trajectoire de la flèche en a subi les effets avec les conséquences que l'on imagine pour la pauvre Petite Princesse. La minuscule planète n'a clairement pas d'atmosphère pouvant ralentir la course de la flèche. Qu'en aurait dit Zénon ?

Les trajectoires courbes inhérentes à la nature de l'espace sont presque toujours néfastes pour nos malheureux héros. Le Petit Barbare va l'apprendre à ses dépens dans l'un des rares gags en trois planches de la saga (KP.07.44 à 46). Il avance en direction de la sortie tant espérée et se voit agressé violemment par un Blork. Il poursuit néanmoins sa route et se retrouve devant un Blork identique tout aussi belliqueux.

L'explication de la répétitivité du phénomène nous est fournie à la dernière page du gag.

La théorie de la relativité générale est à la base des cosmologies actuelles. Elle explique la trajectoire des planètes de notre système solaire, permettant entre autres de modéliser certaines petites irrégularités étonnantes (comme l'avance du périhélie de Mercure, à savoir le point le plus proche du Soleil) que le modèle newtonien ne peut expliquer, même s'il fournit une excellente approximation des orbites de tous les corps célestes de notre système solaire, et explique également la sphéricité de la plupart d'entre eux. Mais la relativité générale permet d'aller beaucoup plus loin, tant au sens propre qu'au sens figuré puisqu'elle ouvre aussi les portes à une modélisation du processus de formation des étoiles et des trous noirs ! Qu'exiger de plus ? Rien ?

C'est oublier que les scientifiques ne sont jamais satisfaits. La relativité générale est parfaite dans le domaine de l'infiniment grand. Elle est malheureusement incompatible avec notre description quantique (dans laquelle tous les niveaux d'énergie ne sont pas autorisés) de l'infiniment petit. Ce n'est donc pas encore la « théorie du tout » espérée par la communauté des physiciens. Au niveau atomique et subatomique, la gravitation n'a que peu d'effet. Avec la force électromagnétique (voir plus loin), elle est la seule à agir au-delà de la dimension du noyau atomique. De plus, comme elle est toujours attractive, elle domine sur les forces électromagnétiques qui tendent à se compenser, étant tantôt attractives, tantôt répulsives.

De plus, une question devrait nous tarauder : comment en effet une masse aussi gigantesque que celle de la Terre n'a-t-elle qu'aussi peu d'effets sur nous ? Pourquoi ne sommes-nous pas écrasés à sa surface par sa puissance d'attraction ?

La réponse à cette question se trouve peut-être dans la théorie des cordes dont le formalisme est loin d'être convivial. Dans ce cadre, les particules de la physique sont représentées comme des objets à une dimension : des « cordes » qui vibrent, se propagent dans l'espace et interagissent. L'un des états vibratoire des cordes serait responsable de la gravitation, ce qui en fait une théorie de la gravité quantique, tout comme la mécanique du même nom qui modélise classiquement les particules élémentaires. En théorie des cordes, notre espace aurait plus de trois dimensions spatiales, et certaines de ces dimensions « s'enrouleraient » dans un espace tellement réduit qu'il ne serait pas observable. La gravité se disperserait dans ces espaces infiniment petits ce qui apporte peut-être une réponse à notre interrogation philosophique.

Sans maths, pas de physique !

La modélisation des phénomènes physiques est indissociable du recours systématique aux formulations mathématiques. Big Bang s'en donne ici à cœur joie mêlant agréablement circuits électriques, représentations vectorielles et symboles mathématiques. Pas sûr que son discours soit nécessairement assimilé par ses deux amis (KP.03.22) !

Le temps dans les équations d'Einstein

Nous venons de voir comment, depuis les fameuses équations d'Einstein, notre façon de voir la physique de l'univers a été révolutionnée. Au lieu de considérer les déplacements dans l'espace comme dépendants de « lois », difficiles à justifier car constatables empiriquement, nous pouvons voir aujourd'hui notre système solaire comme un plan dans lequel le Soleil pèse, et crée ainsi une déformation de l'espace qui modifie les trajectoires des objets « libres ». Ces équations possèdent plusieurs solutions dont certaines sont étonnantes et pour tout dire peu conformes à notre intuition.

Une des solutions aux équations d'Einstein fut en son temps proposée par le mathématicien Kurt Gödel, surtout célèbre pour avoir démontré que notre arithmétique élémentaire était incomplète. Ce résultat (datant de 1930) est inquiétant pour certains, rassurant pour d'autres. Il limite drastiquement les prétentions des mathématiciens à tout expliquer. Personnellement, j'en suis heureux ! Mais ce n'est pas la seule découverte de Gödel. Ce dernier a également montré que dans un univers en rotation et sans expansion, la relativité générale ne contredit pas le fait qu'un voyage spatial pourrait conduire à revenir à son point de départ à une date antérieure à celle du départ. Amusant, non ? J'aime bien Gödel. Même si le personnage était résolument étrange, il avait plus d'un côté sympathique. Ainsi, lorsque, lors de l'Anschluss de 1938, l'Autriche tomba dans le giron de l'Allemagne nazie, Gödel conserva des relations très suivies avec des professeurs juifs, comme Hans Hahn. Ces amitiés interdites furent cause de bien des problèmes pour le savant. Ainsi, fin 1939, il fut agressé par un petit groupe de nazis, si bien que sa femme et lui émigrèrent aux États-Unis en janvier 1940. Dès son arrivée, Kurt Gödel s'installa à Princeton pour intégrer l'Institute for Advanced Study. C'est là qu'il poursuit ses travaux de logicien et que, en 1949, il démontre l'existence d'une solution paradoxale aux équations de la théorie de la relativité générale d'Einstein. Cette solution possède plusieurs propriétés remarquables. Elle décrit un univers en rotation, c'est-à-dire un univers qui possède une direction privilégiée que l'on peut localement assimiler à un axe de rotation. Par ailleurs, la structure de l'espace-temps dans un tel univers permet l'existence de courbes de genre temps refermées sur elles-mêmes.

Dans l'espace de Gödel, compatible avec les équations d'Einstein, les voyages dans le temps seraient donc possibles et se traduiraient par des boucles. Ce type de voyage, sorte de mouvement perpétuel en éternel recommencement est admirablement illustré par l'une des aventures du Petit Barbare irrémédiablement coincé dans une boucle temporelle sans fin (GO.08.38), une aventure dans laquelle le temps est matérialisé (classiquement) par la grande aiguille d'une pendule gigantesque à laquelle le héros se suspend pour traverser un gouffre sans fond. Mais le balancement de gauche à droite de l'aiguille, sans doute maîtresse absolue du temps, le renvoie dans un passé récent et donc… du mauvais côté du fossé. Tout est donc à recommencer.

La relativité a drastiquement modifié notre conception de l'écoulement du temps qui a depuis cessé d'être un absolu. Car le temps écoulé dépend de la vitesse à laquelle se déplacent ceux qui le mesurent ! Cet écoulement du temps à plusieurs vitesses est présent dans plusieurs aventures avortées du Petit Barbare. C'est bien évidemment une pendule qui matérialise le temps qui passe (KP.04.43).

L'accélération des aiguilles ne fait que suivre le temps virtuel de l'aventure et notre héros en subit bientôt toutes les conséquences.

Le malheureux échouera (comme il sied) à quelques centimètres d'un flacon mentionnant « élixir de Jouvence ».

Un écoulement anormal du temps empêchera aussi le chargement du niveau deux du jeu (KP.10.14), si bien que le Petit Barbare, prématurément vieilli, n'a plus la force de s'opposer aux Blorks. À moins bien sûr que ce soit la Petite Princesse qui entraîne le héros dans une ronde pseudo-romantique accélérée qui fait défiler son existence à vitesse « grand V », jusqu'à son décès aux portes de la sortie tant désirée (GO.02.11 et 12).

Et si le temps était de dimension 2 ? Un plan « temps » dans lequel chacun de nous décrirait, en fonction de ses choix, une certaine trajectoire non nécessairement linéaire ? Les voyages dans le temps deviendraient alors possibles mais chaque déplacement dans le plan « temps » impliquerait une modification des réalités et donc la réalisation d'un futur alternatif. Ici plus de paradoxes temporels mais un continuum d'univers coexistants, bref des « multivers » ou univers multiples et parallèles. Si le vrai n'est pas toujours vraisemblable, il semblerait dans le même ordre d'idées que certaines hypothèses scientifiques puissent dépasser les plus imaginatives des créations de la science-fiction.

Électromagnétisme

Pour comprendre notre monde, il faut s'interroger sur la nature même de tout ce qui le constitue à première vue, à savoir l'espace et la matière. Nous avons la chance aujourd'hui de pouvoir en donner une description très satisfaisante qui est la résultante de siècles, voire de millénaires d'expériences, de recherches et de modélisations successives. L'idée de Démocrite, aux cinquième et quatrième siècles avant notre ère, d'un univers constitué de vide et d'éléments insécables, les atomes, va se révéler incroyablement intuitive, même si la représentation actuelle du vide dit « quantique » a beaucoup évoluée ces dernières décennies et si les atomes sont en réalité constitués de multiples petites briques, les quarks, soudés par d'énigmatiques gluons. Mais que l'on ne s'enthousiasme pas trop : les idées de Démocrite étaient loin d'être partagées par l'ensemble de la communauté scientifique et pendant deux millénaires le modèle aristotélicien d'un univers composé de quatre éléments (terre, eau, feu et air) fut largement majoritaire.

Aujourd'hui, le modèle atomique de Niels Bohr (1885 – 1962) nous donne une première représentation interprétable de la matière, dont chaque « élément » peut être vu comme constitué d'un noyau fort petit et fort lourd, autour duquel « gravitent » des éléments fort légers, les électrons. Nous avons mis les termes « élément » et « gravitent » entre guillemets. Cela demande en effet quelques explications. Certains corps physiques sont constitués de l'agrégat de corps plus simples. C'est le cas de l'eau composée d'oxygène et d'hydrogène. D'autres corps sont constitués de briques qui ne peuvent être décomposées sans perdre leurs propriétés. C'est le cas de l'hydrogène et de l'oxygène qui s'assemblent pour former de l'eau. Ce sont ces corps que l'on qualifie d'éléments ou corps simples. Quant à l'utilisation du verbe « graviter », elle pourrait donner l'illusion que chaque atome est semblable à un petit système solaire, ce qui est sans doute très loin d'être le cas.

Le modèle de Bohr peut s'appliquer à tous les éléments ou corps simples qui sont classés et présentés de manière construite et progressive dans le célèbre tableau de Mendeleïev, en allant du plus léger au plus lourd. Que de souvenirs des bancs d'école ! La particularité étrange de ce modèle est que les électrons sont tous dotés d'un certain niveau d'énergie bien particulier. Et tous les niveaux d'énergie ne sont pas possibles. Ce niveau d'énergie peut varier soit par l'absorption, soit par l'émission d'une certaine quantité également bien spécifique d'énergie (un quantum, d'où la théorie dite « quantique »), baptisée photon. Lorsque l'on parle par image en évoquant des électrons qui se situent obligatoirement sur certaines « couches » bien particulières autour du noyau, il faut se garder de ne pas introduire un vocabulaire qui peut conduire à une méta- ou sous-compréhension du phénomène. Les électrons sont présents quelque part aux alentours du noyau. Ils n'y décrivent pas de gentilles petites orbites comme notre bonne vieille Terre et les autres planètes de notre système solaire.

La physique quantique regroupe aujourd'hui l'ensemble des différentes théories physiques qui décrivent le comportement des atomes et des particules élémentaires. Dans le contexte des aventures du jeune Kid, les théories quantiques vont se substituer occasionnellement aux mathématiques (ou aux classiques formules einsteiniennes) pour désigner toute activité intellectuelle jugée incompréhensible et inaccessible à la plupart des individus.

C'est le cas dans le tome 17 des aventures du Kid dans lequel le père Paddle et son fils se retrouvent face à une autre paire, opposée en quelque sorte, constituée elle d'une mère et de sa fille (KP.17.08). Le bonheur de la petite à qui la maman offre une initiation à la physique quantique fait plaisir à voir.

Quant à comprendre la physique quantique, c'est une autre paire de manches. On attribue d'ailleurs à l'un de ses inventeurs, Niels Bohr, l'affirmation suivante : « Si vous croyez avoir compris la théorie quantique, c'est que vous ne l'avez pas comprise ».

Mais comment le père et le fils, ce dernier très éloigné quant à lui de ce genre de considérations scientifiques, vont-ils réagir face à l'évidente satisfaction de la maman de la petite surdouée ?

Il apparaît que le père Paddle n'est pas en mal de répartie…

Les théories quantiques éclairent également les différentes propriétés de ce que l'on nomme le « rayonnement électromagnétique ». Car les électrons, ces petites particules qui gravitent autour des noyaux lourds, ont une particularité : ils sont aussi chargés électriquement. Comme les éléments des corps simples sont neutres électriquement, leur noyau doit alors obligatoirement être chargé également, mais de façon opposée. De là l'idée de charges que l'on va qualifier de négatives, celles des électrons, et par complémentarité, de charges opposées, positives, celles des noyaux. Les phénomènes dits « électriques » ou « magnétiques » font donc partie de notre univers et sont inhérents à la structure même de la matière dont nous sommes faits également. Ils ont été observés depuis la plus haute Antiquité, mais il a fallu attendre la fin du XVIIIe siècle, voire le XIXe siècle, pour qu'on en donne une modélisation satisfaisante, le tout finalement condensé dans les équations du physicien écossais James Clerk Maxwell (1831 – 1879) qui unissent les deux types de manifestations, jusque-là considérés comme distincts.

Tout au long de ses mésaventures, le Petit Barbare sera régulièrement confronté à des phénomènes électromagnétiques. Il serait même plus exact de signaler qu'il en sera systématiquement la victime ! Les phénomènes *magnétiques* sont connus depuis des millénaires, le plus souvent liés à l'attirance (ou à la répulsion) exercée par certains matériaux sur le fer. Ainsi, dans son *Histoire Naturelle* (livre II, 97-99), le philosophe romain Pline l'Ancien note-t-il : « Il y a auprès du fleuve Indus deux montagnes, dont l'une retient et l'autre repousse toute espèce de fer ; de la sorte, si l'on porte des clous aux souliers, dans l'une on ne peut pas retirer son pied, dans l'autre on ne peut pas le poser ». D'une manière générale, on appelle magnétisme l'ensemble des phénomènes physiques dans lesquels certains objets particuliers exercent des forces attractives ou répulsives sur d'autres matériaux. C'est aussi le cas de nos aimants, qu'ils prennent la forme d'une barre droite ou qu'ils soient repliés en forme de fer à cheval.

Chaque aimant possède deux pôles. L'un est marqué positif, l'autre négatif. Une façon de signaler qu'ils s'opposent sans pour autant que les termes « négatif » et « positif » aient un autre signifiant. Deux choses sont observées. Les pôles opposés s'attirent, les pôles identiques se repoussent. Voyons comment les choses vont s'agencer pour notre Petit Barbare.

Le voici mis en présence d'un curieux pistolet laser (GO.20.35).

Rompu à la méthode scientifique qu'il pratique à présent régulièrement, il procède à une expérimentation. Une fleur soumise au rayon magique se transforme immédiatement en un petit aimant de type « fer à cheval ».

Un Blork surgit alors (sans doute comme le loup de La Fontaine, « que la faim en ces lieux attirait »). Hop ! un coup de rayon et le voilà transformé lui aussi en un aimant gigantesque de masse proportionnelle à celle du monstre, le champ

magnétique associé étant sans doute lui aussi fonction de la masse de l'objet soumis au rayon.

Mais ce n'est pas tout : un nouveau Blork surgit alors, tout aussi menaçant (et sans doute tout aussi affamé) que le premier. Qu'à cela ne tienne : notre Petit Barbare tient en ses mains une arme efficace.

Mais le voilà coincé au beau milieu de deux aimants présentant tous deux leurs pôles respectifs à notre héros. Reste à savoir comment ces pôles se sont automatiquement dirigés. En fait, la question connaît une réponse évidente, car l'aventure ne peut que mal finir. Les pôles ne peuvent donc qu'être opposés. Ils doivent irrémédiablement s'attirer, avec toutes les conséquences néfastes qui en résultent.

Les effets négatifs des aimants géants prennent des formes diverses. C'est le casque du Petit Barbare, irrésistiblement attiré, qui décapite la Petite Princesse (GO.05.27), à moins que ce ne soient ceux d'une bande de Blorks qui la transforment en bouillie (GO.09.10). On peut tout imaginer. Même un Barbare transformé en centaure-Pégase dont les sabots magnifiquement ferrés adhéreront avec force aux nombreux aimants disposés au fond d'un gouffre à franchir (GO.15.20).

Les effets pervers de l'électromagnétisme mettent parfois quelques temps avant de se faire ressentir. C'est le cas du gag en deux pages du volume 9 des aventures de Kid Paddle (KP.09.18 et KP.09.19).

Voilà qu'une arme de poing étonnante est proposée au Petit Barbare sous la forme d'un gant métallique qui fracasse tout sans effort particulier de qui le porte. Les effets sur un premier Blork sont d'ailleurs tout aussi fulgurants et expédient le monstre au paradis des boxeurs. Mais qu'en sera-t-il dans la suite ?

Car voilà que d'étranges effets se manifestent. Une attraction irrésistible entraîne notre héros malgré lui pour finalement emporter le Petit Barbare.

Alors ? Qu'en est-il exactement ?

L'explication nous en est fournie dans la dernière case du gag qui traduit aussi une étrange faculté d'oubli dans le chef de notre héros. Car nombreux sont les restes de ses avatars précédents qui, comme lui, ont subi exactement le même sort.

Une petite précision est peut-être nécessaire à ce stade. On parle souvent de « champ magnétique ». La notion mathématique de « champ » est multiple et demande une explication. Il existe en effet des « champs scalaires », qui associent à chaque point de l'espace une valeur numérique, comme c'est le cas pour la température qui diffère en chaque point de notre bonne vieille Terre et de son entourage. Mais il existe aussi des « champs vectoriels », plus complexes, qui non seulement associent à chaque point de l'espace un nombre mais également une direction et un sens. C'est le cas du champ gravitationnel dont nous avons déjà parlé. Il a une intensité (un nombre ou scalaire), une direction (la verticale) et un sens (vers le centre de la Terre). Les champs magnétiques sont de cette même nature.

L'idée vient alors au génial Big Bang de faire jouer les deux champs de manière à en annuler les effets et à créer un effet d'apesanteur, compensant la gravité par l'attraction électromagnétique. Il est en effet possible de créer artificiellement des champs magnétiques au moyen de bobines de fil dans lesquels on fait circuler un courant électrique. Le problème auquel se retrouve confronté Big Bang est l'ajustement des deux champs qui doivent avoir la même intensité, la même direction, mais un sens opposé. Voyons ce qu'il en résulte en pratique (KP.02.27). Les conséquences nous sont livrées en début de gag, indépendamment de leur cause.

Car les effets d'un champ ne se limitent pas à la seule chambre de Big Bang dans laquelle l'expérience est réalisée, et son malheureux voisin en fera les frais à plusieurs reprises.

IL EST 15H00 ! À PRÉSENT, NOUS VOUS PROPOSONS D'ÉCOUTER LA PETITE FUGUE "CLAVIER BIEN TEMPÉRÉ" DE JEAN-SÉBASTIEN BACH...
temporato
coda
KLONG
KLANG
MARCHE.
ARRÊT.
KLONG
KRAK
KLING
KLONG
MARCHE.
ARRÊT.
PLETS
BLANG
KLING
KLONG
MARCHE.
ARRÊT.
KRASH
KRAK
MARCHE.
HMM... C'EST BIEN CE QUE JE PENSAIS...
KLONG
KROUUU
POUR TE METTRE EN APESANTEUR, IL FAUDRA LÉGÈREMENT DIMINUER LA PUISSANCE DE L'ÉLECTRO-AIMANT...
C'EST DÉJÀ TRÈS FUN COMME ÇA !

L'expérience sera renouvelée (KP.03.42). Avec les mêmes effets pervers.

Les ondes électromagnétiques constituent une part importante de notre environnement. À titre d'exemple, ce que nous appelons la « lumière » désigne une collection particulière de rayonnements électromagnétiques, chacun caractérisé par une certaine gamme de longueurs d'ondes. Notre œil en perçoit une partie, c'est la lumière dite « visible » et dont les longueurs d'ondes varient approximativement entre 400 nanomètres (violet) et 700 nm (rouge), le nanomètre (symbole nm) étant égal à 10^{-9} mètres, soit un millionième de millimètre ! Attention : plus la longueur d'onde est courte, plus la fréquence est élevée et donc chargée d'énergie. Le mélange plus ou moins homogène de toutes les fréquences visibles définit ce que notre cerveau interprète comme une lumière blanche. Cette fenêtre correspond en gros aux longueurs d'ondes le plus aisément transmises par l'atmosphère terrestre, ce qui s'intègre parfaitement dans le cadre des théories de l'évolution.

Au-delà de ce spectre, on trouve l'ultraviolet d'un côté (de 10 à 400 nm), et l'infrarouge de l'autre (de 700 nm à 3 mm). Les fréquences comprises entre 3 mm et 30 cm sont celles des micro-ondes, de nos téléphones portables et des radars.

PRÊT ? O.K, C'EST PARTI !
MMMMMMMMMM MMMM MMMMMMMMM
MMMMMMMMM MM MMMMMMMM
MMMMMMMMM MMM MMMMMMM
BINGO!
HA! HA! T'AS ENCORE PERDU, KID !
BLOB
MM MMMMMM MMMMMMMMMM
PURÉE, C'EST PAS VRAI !
ÇA FAIT QUATRE FOIS !
MON SOLDAT A RÉSISTÉ AU MOINS 5 SECONDES DE PLUS QUE LE TIEN !
MMMMMM MMMM
BLOB
ON PEUT REGARDER LE RALENTI MAIS JE CROIS QU'IL A RAISON ...
CE TYPE A UNE CHANCE PAS CROYABLE !
T'AS PERDU MON POTE, TU DOIS NETTOYER LE MICRO-ONDES !
JE MÈNE 4 À 1 !
ALLEZ, ON SE REFAIT UNE PARTIE !

Le terme de « micro-onde » provient du fait que les ondes ainsi nommées ont une longueur d'onde plus courte que celles de la bande VHF, utilisée par les radars pendant la Seconde Guerre mondiale. Les longueurs d'ondes supérieures correspondent aux ondes radio.

La bande du Kid n'hésitera d'ailleurs pas à exploiter les effets étonnants de nos fours à micro-ondes (KP.05.32).

Attention : s'il ne faut pas mettre des œufs entiers non écalés dans le micro-ondes, car la coquille ne résiste pas aux ondes émises, de nombreuses recettes existent cependant qui permettent de les cuisiner efficacement et même de cuire de véritables œufs durs. À bon entendeur !

On a pu le constater jusqu'ici, si le magnétisme a les faveurs de l'auteur, on ne peut en dire autant de l'électricité plutôt rare dans le monde virtuel du Petit Barbare. Ce dernier subira malheureusement les effets qu'on imagine en interprétant mal un avertissement pourtant explicite (GO.19.20).

(20)

Interactions fondamentales en physique

Radioactivité

Les quelques pages qui précèdent ont abordé deux des quatre interactions fondamentales dans la nature, à savoir l'interaction gravitationnelle et l'interaction électromagnétique. Les physiciens rêvent tous d'une théorie du tout qui intégrerait les quatre interactions. Qu'en est-il des deux autres, celles dont nous n'avons pas encore parlé et qui sont moins connues du grand public ?

Il y a tout d'abord l'interaction dite « forte » qui est à la base de la cohésion des noyaux atomiques et donc d'une certaine forme de stabilité des corps dans la nature. Heureusement pour nous. Nous avons déjà évoqué les électrons et les protons, de charges opposées, qui constituent les briques des corps simples. Mais les noyaux des éléments contiennent également un autre type de particule élémentaire : les neutrons, sans charge électrique et de masse légèrement supérieure à celle des protons. On sait aujourd'hui que protons et neutrons sont en réalité constitués de briques encore plus petites, les quarks auxquels on a attribué des couleurs afin de les reconnaître (sans pour autant que celles-ci aient un rapport avec la notion intuitive de couleur). La portée de l'interaction forte est de l'ordre de grandeur du noyau atomique : elle en soude les constituants, surpassant la répulsion électrique des protons tous chargés positivement.

L'interaction dite « faible » est celle qui est responsable de la désintégration radioactive de particules subatomiques. Elle permet d'expliquer entre autres la fusion nucléaire qui s'opère dans les étoiles. Son intensité n'est pas du même ordre de grandeur (exprimé en puissances de dix) que celles des interactions électromagnétique et forte, ce qui explique la terminologie.

Ce que l'on nomme radioactivité regroupe l'ensemble des phénomènes physiques lors desquels des noyaux atomiques instables se transforment spontanément en d'autres noyaux en émettant des particules matérielles et de l'énergie. On distingue plusieurs types de rayonnements de ce type, caractérisés généralement par les lettres grecques α, β et γ. Ces rayonnements sont de natures différentes et chacun est dû à un type distinct d'interaction.

Le rayonnement α consiste en une émission de noyaux d'hélium (constitués de deux protons et de deux neutrons). Ainsi un noyau de polonium peut-il se décomposer (spontanément) en un noyau de plomb et un autre d'hélium. C'est un corps lourd qui se décompose en deux corps plus légers. Mais le nombre de protons et de neutrons présents avant et après la transformation est identique. Dans l'exemple proposé, on a toujours 84 protons et 126 neutrons caractérisant le polonium que l'on retrouve dans les 82 protons et 124 neutrons du plomb auxquels on ajoute les 2 protons et 2 neutrons du noyau d'hélium. C'est l'interaction forte qui est donc en jeu puisque tout se joue au niveau de la cohésion des noyaux sans transformation des particules élémentaires les constituant. Se protéger du rayonnement alpha ne pose aucun problème : une simple feuille de papier ou même notre peau suffit.

Le rayonnement β consiste en une émission d'électrons. Le processus mis en œuvre est très différent, car il s'agit là de la transformation de l'un des neutrons présent dans un noyau de départ en un proton, un électron et une troisième particule élémentaire, le neutrino, dont l'existence est rendue nécessaire afin de garantir la conservation d'énergie. C'est l'interaction faible qui est à la base de ce type de transformation. Ce genre de rayonnement modifie donc la composition fondamentale des particules élémentaires. On sait que le carbone 14 (qui est à la base d'un système de datation bien connu), isotope du carbone 12, est instable. Son noyau est constitué de 6 protons et de 8 neutrons. Il va spontanément se transformer en un noyau d'azote auquel il convient d'ajouter un électron sans oublier l'indispensable neutrino. À l'issue de la transformation, on va donc retrouver un noyau d'azote comprenant 7 protons et 7 neutrons, une répartition différente de celle de départ. Les électrons éjectés le sont à très haute énergie, à très grande vitesse. Se protéger du rayonnement bêta demande un peu plus de précaution. Il convient d'éviter des matériaux au numéro atomique élevé qui induisent un rayonnement secondaire (*bremsstrahlung*). Des vêtements épais, du carton ou une fine plaque d'aluminium suffisent.

Venons-en enfin au rayonnement γ, qui est un rayonnement électromagnétique à haute fréquence, une émission de photons, donc d'énergie, par des noyaux instables lors de leur transition d'un état de haute énergie à un état inférieur. Le rayonnement gamma est nettement moins sympathique que les précédents. Comme il consiste en ondes à très haute énergie, il traverse facilement tous les corps et peut produire des changements moléculaires, endommager les molécules qui composent nos cellules, provoquant entre autres plaisanteries des mutations génétiques et favorisant le développement de cancers. Pas très joyeux tout cela ! Et se protéger des rayons gamma est loin d'être aussi facile. Ainsi, un écran en plomb de 5 centimètres d'épaisseur n'arrête que 90 % du rayonnement gamma !

DONG
DONG
?
MIDAM - ADAM
G74
GAME
OVER

Il est temps à présent de retrouver le monde midamien, dans lequel nos héros se retrouvent régulièrement confrontés à certaines formes extrêmes de radioactivité. Et, comme le lecteur s'en doute, ce seront à chaque fois les terribles rayons γ dont ils devront subir les effets dévastateurs.

Voici le Petit Barbare devant une mare inconnue qui semble aisément franchissable par le biais de flotteurs bien disposés (GO.02.38).

Échaudé par de précédentes expériences négatives, notre héros tâte d'abord les flotteurs en question. Rien ne semble lui poser problème et il se lance à l'aventure. Remarquons toutefois de légères altérations de son physique qui apparaissent progressivement (mais très vite) lors de son parcours.

L'explication viendra bientôt, sous la forme d'un logo bien connu.

On reconnaît le sinistre symbole d'exposition aux rayons ionisants, entouré généralement d'un cercle ou d'un triangle (qui renforce le ressenti de danger). Curieusement, il a pour origine un innocent trèfle à trois feuilles, symbole utilisé par les électriciens du milieu du XXe siècle pour identifier le courant triphasé avant d'être récupéré pour désigner la radioactivité !

Et cette triste expérience n'est pas la seule. Elle va engendrer une véritable psychose qui perturbe les enfants Paddle au dernier degré (KP.07.32).

Les voilà qui se posent la question : que se passe-t-il dans nos égouts dissimulés à la vue de tous ? Pour arriver à le savoir, une expérience est nécessaire. Voilà qu'une poupée de Carole y est jetée qui ne tarde pas à se trouver au contact d'étranges mixtures.

Que va devenir la malheureuse sous les effets ravageurs de déchets radioactifs ?

L'apparition d'un monstre semble presque inévitable.

Mais les choses ne sont pas toujours ce qu'elles paraissent. Et tout cela ne trouvait en réalité place que dans l'imagination des enfants.

Étonnant ? Pas vraiment, car le graphisme des cases nous laisse entrevoir une telle réalité dès le début, avec des contours cette fois ondulés à souhait pour traduire l'imaginaire !

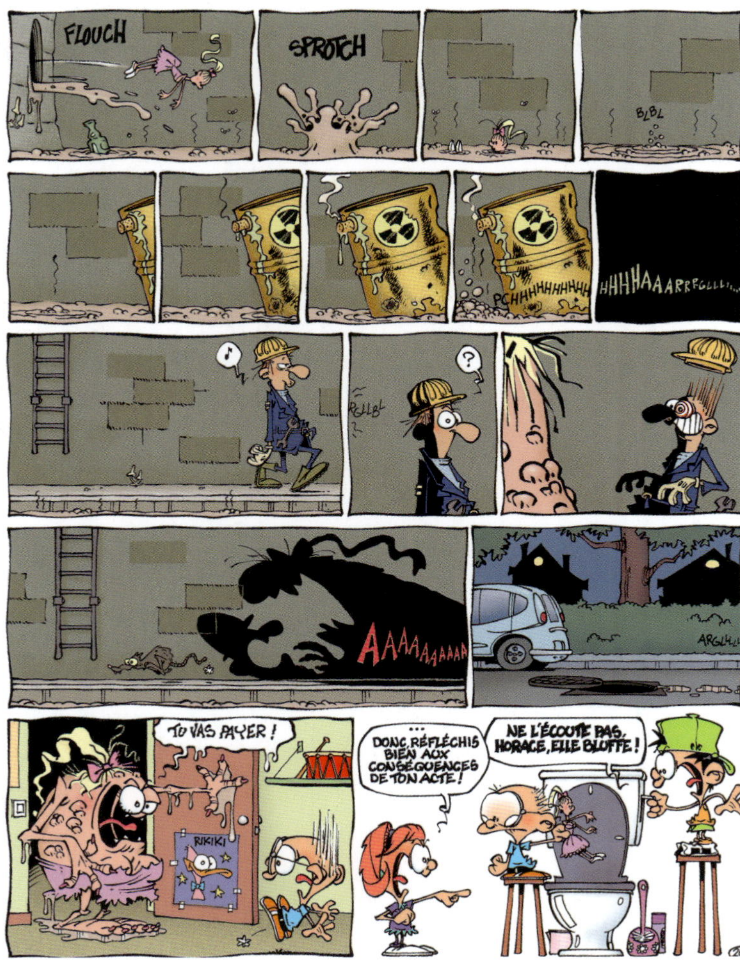

Toutes les craintes sont permises lorsque le Petit Barbare se transforme en un curieux jardinier qui nourrit ses végétaux de substances pour le moins suspectes (GO.01.39 et 40).

Les effets de cette curieuse façon de procéder ne tardent pas à se faire sentir, tant pour ce qui pourrait bien être un haricot magique (comme dans le conte célèbre) que pour son arroseur inconscient. On remarquera cette fois l'usage du triangle et non du cercle pour indiquer la radioactivité.

Cela étant, la crainte d'un conflit nucléaire ou d'une utilisation non raisonnée de l'énergie du même nom préoccupe les jeunes. Avec raison. Et le Kid utilise cette peur pour en faire prendre conscience (KP.11.09).

Car on devine aisément le contenu supposé de son étrange coiffure.

Et, en l'occurrence, on ne peut que lui donner raison.

Car le monde du nucléaire sera ce que l'Homme décidera d'en faire : une bénédiction ou un enfer !

Modèles de gags de Midam

La saga cumulée du Kid et du Petit Barbare compte aujourd'hui près de 2 000 planches. Ce qui est étonnant, incroyable même, c'est l'extrême diversité des gags qui y sont relatés. Chacun nous surprend, nous intéresse et nous amuse. On n'y trouve aucune redondance. Comment est-ce possible ?

La diversité relève ici du recours régulier à un modèle multiplicatif. Les scenarii des gags sont courts, la grande majorité se déroule sur une planche unique. Chaque case a donc son importance et correspond à un nœud dans le déroulement de l'histoire, et la case suivante peut orienter le gag dans une multitude de directions. Pour comprendre le mécanisme de la diversité par combinaison, contentons-nous des aventures du Patit Barbare, qui occupent d'ailleurs la part du lion dans le canon.

La première case situe le contexte. Celui-ci est divers, varié, au choix du scénariste. Des dizaines d'environnements sont possibles. Le gag peut ou non faire appel à la Princesse. Il peut aussi ne faire appel qu'à elle. Voilà déjà trois répartitions de personnages. Les Blorks peuvent faire partie de l'histoire ou pas, ce qui multiplie encore le nombre de cas possibles par deux. Des éléments magiques ou des outils peuvent ou non apparaître. Parmi eux des rayons lasers, des potions, des armes. Et voilà un nouveau médium de diversité. La structure du jeu peut également offrir une multitude de machines, de portiques aux effets multiples. Nouveau facteur d'accroissement. Et le lecteur peut en découvrir d'autres.

Enfin, l'auteur peut multiplier les causes d'échec du Petit Barbare. Tantôt, ce sera le héros qui par sa maladresse provoquera sa perte, à moins que ce ne soit par son manque d'esprit scientifique. Mais la structure du jeu peut aussi être seule en cause, tout comme les réactions parfois surprenantes (mais toujours amusantes) de la Princesse.

Un exemple tiré des illustrations déjà présentes dans ce livre va nous montrer à quel point la modification d'un ou de deux de ces éléments livre un gag neuf, apparemment totalement différent du précédent. Pour cela, reprenons la course éperdue du Petit Barbare dans un escalier qui, tout en montant toujours, le ramène à son point de départ. Dans ce cas, c'est la structure même du jeu qui impose l'échec.

D'autres gags jouent sur le même principe, à savoir le retour à la case départ. En changeant le contexte et en introduisant un Blork frappeur, l'effet innovateur est immédiat.

Tout cela nous promet encore de belles planches et de nombreuses heures de plaisir.

Tentative de conclusion

Le monde de la bande dessinée est de plus en plus vaste, complexe et multiple, recouvrant, tout en se les appropriant progressivement, plusieurs cultures parfois fort différentes. Il défie toutes les tentatives de classification, toutes les apparences, les a priori et tous les préjugés. Son public cible est devenu totalement indéterminable tant il est varié. Il est loin le temps des comics destinés (selon certains adultes) aux seuls enfants et adolescents. L'ensemble des planches, des strips et des séries publiées aujourd'hui présente le plus souvent de nombreux niveaux de lecture, qui sont aussi fonction des différentes catégories de leurs lecteurs potentiels.

Mais qu'en est-il en ce domaine des intentions des auteurs, scénaristes et dessinateurs ? La réponse dans le cas Midam est claire. C'est volontairement que l'auteur a introduit différents niveaux de compréhension et d'interprétation dans ses strips. Ce sont ces différents niveaux dont nous entendons donner une brève analyse non exhaustive.

Venons-en tout d'abord aux différents choix de l'auteur en ce qui concerne l'environnement de ses héros. Celui d'une famille monoparentale avec deux enfants très différents, en opposition totale bien souvent. Celui de la présentation d'épisodes de la vie quotidienne, en parallèle ou en alternance avec les moments de loisirs, quasiment tous consacrés au monde interlope des jeux vidéo. Celui d'une attirance particulière pour la violence virtuelle dans le domaine des jeux, et également pour un certain mauvais goût, parfois teinté de gore, voire d'écœurement, allant même jusqu'au nauséabond dans la vie de tous les jours. Ceci est essentiellement le cas dans le chef du Kid, car son père et sa sœur sont les dignes représentants des personnes « convenables » destinées à servir de point de référence. Ce dernier point traduit peut-être une volonté de choquer, de mettre le héros en marge de la société et de ses codes artificiels, avec une telle insistance que l'excès même de dégoût provoqué conduit irrémédiablement au rire : quand « trop c'est trop », on ne peut plus le prendre au sérieux. L'auteur en rajoute tellement qu'il conduit le lecteur à un certain détachement. Tout comme dans les films d'horreur de catégorie « Z ». Vient un point où l'excès d'horreur ou de sang cesse d'effrayer pour faire rire.

Le choix de la famille monoparentale est intéressant. Par cette option, l'auteur nous éloigne de l'idéal familial banal et assez artificiel somme toute de *Boule et Bill* (ou du *Jo et Zette* d'Hergé), tout en refusant l'idée du héros isolé, sans parent ni famille (comme *Tintin* ou *Spirou*), alors même qu'il est parfois encore un enfant (*Benoît Brisefer*). Ce choix situe l'environnement familial dans le réel actuel, tout en tranchant volontairement avec une norme sociétale artificielle et soi-disant idéale. D'emblée, l'auteur se met en marge. Cependant, cette famille est manifestement soudée, malgré les fréquentes disputes entre le frère et la sœur. Et le père Paddle est à l'écoute de ses enfants qu'il aime, même s'il ne les comprend pas, ce qui est peut-être la norme ?

L'environnement scolaire est également important dans le quotidien du petit héros. Un grand nombre de planches représentent la salle de classe. Il faut dire qu'un enfant passe autant de temps si pas davantage en classe qu'à la maison (si on exclut les moments de sommeil évidemment). Deux professeurs semblent se partager l'éducation des élèves ; ils sont aussi différents l'un de l'autre que possible. La tradition est mise en opposition avec la modernité, sans pour autant que l'une prime nécessairement sur l'autre, ce qui est significatif des volontés de l'auteur de ne pas prendre parti. Ici pourtant, les codes classiques s'appliquent : l'instituteur traditionnel est plus âgé, celui qui adopte des méthodes pédagogiques modernes ou alternatives est jeune. Pas sûr que ce soit nécessairement le cas dans la vie réelle dans laquelle j'ai rencontré des pédagogues et didacticiens âgés mettant en place avec vigueur des méthodes révolutionnaires… Les conflits « frère vs sœur » sont souvent portés à l'extrême, avec, il faut bien l'avouer, une dose certaine de méchanceté de la part du Kid. Malgré cela, le personnage reste sympathique. C'est une gageure (et ici une gageure réussie) de faire vivre un héros non sans défaut tout en lui conservant son public. Mais c'est aussi un gage de réalisme. Le héros sans défaut n'a pas de consistance. Kid a de la personnalité.

La personnalité ! Le mot est lancé. Tout au long des centaines de planches mettant en scène le petit garçon, il fera preuve de détermination, d'une certaine forme de courage, mâtinée d'une fausse indifférence, qui lui permet de supporter l'école qu'il ne semble pas aimer particulièrement, et également de persévérance face à l'univers virtuel qu'il apprécie, mais que manifestement, il ne parvient pas à maîtriser. *Game Over*, la série spin-off de *Kid Paddle* nous livre des centaines d'expériences avortées ou terminées par un échec cuisant à additionner avec toutes les planches de même type qui peuplent la série initiale. Et pourtant le gamin s'obstine. Sans jamais se décourager.

Le réel du Kid ne semble pas trop lui plaire. L'environnement scolaire ne correspond pas à ses aspirations, sauf dans quelques rares cas. Il rêve d'un paternel héroïque, véritable super-héros, comme dans les comics américains. Mais le réveil est rude à chaque fois. L'évasion dans les jeux vidéo est alors un moyen d'échapper à la morosité du quotidien, même si, structurellement, tous les jeux se ressemblent étrangement. C'est ici qu'il faut admirer l'incroyable imagination de l'auteur qui renouvelle sans cesse la même histoire, sans que de véritables doublons ou copier-coller n'apparaissent. Car les aventures virtuelles du Petit Barbare semblent toutes différentes. Alors que l'on peut aisément les classifier en quatre ou cinq catégories, où l'objectif poursuivi est à chaque fois le même : sortir du niveau de jeu, avec ou sans présence de la Petite Princesse. Avec, systématiquement, l'échec de toute tentative à la clef ! Et le lecteur le sait. D'emblée. Alors comment le surprendre à chaque fois ? Une réponse à cette angoissante question en encadré…

C'est ici qu'apparaissent aussi les recours aux artifices. Et, curieusement, mathématiques et physique font partie à de nombreuses reprises de ces indispensables artifices. C'est que l'univers virtuel, pour être cohérent, doit lui aussi avoir ses règles. Dans le langage physique, celles-ci prennent la forme de lois supposées universelles. Dans le cadre mathématique, de théories axiomatiques. Sans règle, sans lois, sans hypothèses cohérentes comme les axiomes, aucun jeu ne peut avoir de sens. Aucun jeu ne peut se révéler intéressant. La tâche du joueur, ou de son avatar, est alors de découvrir les règles du jeu, de mettre au jour ses lois, de révéler ses non-dits, de traduire les intentions cachées du concepteur. Et là, les ressources sont quasiment infinies. Car la liberté du créateur de jeu est totale. Sa seule contrainte est la cohérence et c'est en cela que s'établit un parallèle obligatoire avec les mathématiques. Le monde physique réel nous impose ses lois. L'univers virtuel n'en a cure. Mais il doit rester cohérent, ne pas être contradictoire. Car sans cela tout jeu deviendrait impossible. Il nous faut donc arriver à l'inévitable conclusion de cette analyse : seuls les modèles mathématiques peuvent sous-tendre l'univers virtuel du jeune Paddle. Sans eux, pas d'échappatoire, pas de jeux, pas de plaisirs.

Game Over.

MIDAM

MIDAM
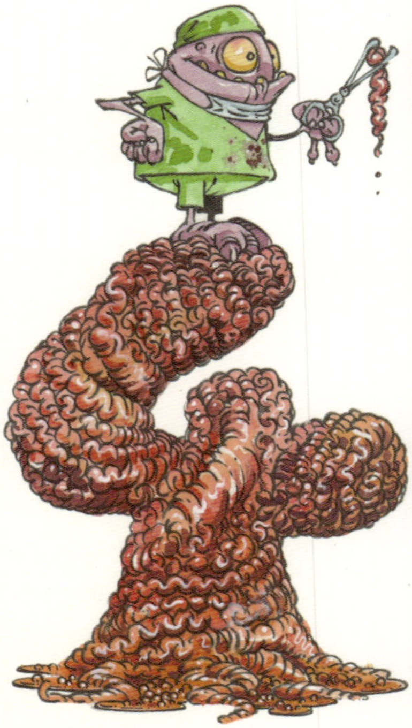

MIDAM

MIDAM

Midam et les maths

Quelles sont les relations entre Midam et les maths ? Tout au long d'une conversation téléphonique, Midam raconte :

Je ne suis pas mathématicien, mais mon père était ingénieur civil. J'ai donc baigné d'emblée dans un environnement scientifique. Durant mes études, j'ai toujours adoré l'algèbre. J'avais beaucoup de plaisir à résoudre les problèmes que nous proposait le professeur de mathématiques. Je suppose que ce devait être un bon professeur. Plus tard, face aux dérivées et aux intégrales, j'étais moins à l'aise. Tout cela me paraissait trop abstrait. Trop éloigné du réel. Il faut dire qu'à l'époque, on n'avait pas recours à l'informatique pour illustrer ces concepts.

En tant que scénariste et dessinateur, je dois commencer par préciser qu'il y a une énorme différence entre les planches faisant intervenir Kid Paddle et les gags de *Game Over*, qui est une série muette. Il faut donc arriver à faire passer les éléments du gag sans avoir recours aux mots. Pour cela, il faut trouver l'équation idéale pour ce genre de message (N.d.A : Midam a utilisé spontanément le terme mathématique d'« équation »). Tout doit se trouver dans le dessin et la dernière case de chaque planche doit offrir l'élément déclencheur du rire. Tout cela doit être préparé. Les premières cases doivent donc contenir des éléments conduisant au dénouement. Une structure doit être mise en place. Qui dit structure, dit maths dans un certain sens. Avec les aventures du Kid, on peut avoir recours aux mots pour faire évoluer le gag. Des mots précieux dont on se prive dans les séries muettes.

Quand on a dessiné des milliers de planches, il faut pouvoir se renouveler presque quotidiennement. Pour cela, je fais appel au « crowd thinking ». Comme le font beaucoup de scientifiques aujourd'hui, je ne travaille pas seul. Sur mon site, je propose à qui le souhaite de m'envoyer des idées de scénarios. Quand l'un d'entre eux m'intéresse, je l'achète et je le dessine. J'en ai reçu des dizaines de milliers. Quelques centaines étaient intéressants et je les ai utilisés. Mais il y a plus curieux encore. J'ai remarqué que l'un des auteurs apportait souvent des idées originales. Après avoir acheté plusieurs de ses scénarios, j'ai voulu le rencontrer et nous avons entamé une collaboration des plus fructueuses. (Midam s'interrompt un instant, histoire de bien préparer la chute de son histoire). Nous avons élaboré et conçu plusieurs albums ensemble. Et devinez le plus beau : il est prof de maths !

Bibliographie

Ouvrages scientifiques

Applications économiques au service de la mathématique (avec Jacques Bair), SBPM, Pont-à-Celles, 1989.

Statistique pour décideurs, De Boeck Université, Bruxelles, 2e édition, 1990.

Introduction à la mathématique financière, De Boeck Université, 3e édition, Bruxelles, 1995

Théorie stochastique de la décision d'investissement (avec Michaël Schyns), De Boeck Université, Bruxelles, 1997.

Applications pédagogiques de la mathématique financière (avec Jacques Bair, Sabine Maron et Jacqueline Rosoux), Éditions Luc Pire, Bruxelles, 2001.

Modélisation de produits financiers à risque réduit (avec Louis Esch), Éditions Luc Pire, Bruxelles, 2001.

Théories actuarielles (avec Laurence Hulin), Éditions du Céfal, Liège, 2003.

La statistique par l'analyse, Éditions du Céfal, Liège, 2004.

Modèles mathématiques, du réel au concret en passant par l'abstrait (avec Jacques Bair et Valérie Henry), Éditions du Céfal, Liège, 2006

Modèles mathématiques en gestion (avec Jacques Bair, Yves Crama et Valérie Henry), Cassini, Paris, 2011

Cent et quelques jeux mathématiques et culturels, Éditions POLE, Paris, 2012.

Algèbre linéaire appliquée pour l'économie et les sciences sociales (avec Jacques Bair), De Boeck Supérieur, Louvain-La-Neuve, 2020.

Études consacrées à la bande dessinée

Tintin ketje de Bruxelles (avec Alain Préaux), Casterman, Bruxelles, 2004.

La mathématique du chat de Philippe Geluck, Delagrave-Casterman, Paris, 2008.

HerGPS, l'univers géographique d'un célèbre reporter (avec Alain Préaux), Avant-propos, Waterloo, 2011.

Auteur principal d'ouvrages collectifs

Mathématiques amusantes, Éditions du Cefal, Liège, 2005.

Mathématiques concrètes, Éditions du Céfal, Liège, 2006.

Mathématiques sportives, Éditions du Céfal, Liège, 2007.

Mathématiques musicales, Éditions du Céfal, Liège, 2008.

Mathématiques et biologie, BIB 42, Éditions POLE, Paris, 2011.

Mathématiques, de l'esthétique à l'éthique, BIB 51, Éditions POLE, Paris, 2014.

Les mathématiques des assurances, BIB 57, Éditions POLE, Paris, 2016.

Mathématiques et économie, BIB 62, Éditions POLE, Paris, 2018.

Mathématiques et finance, BIB 32, Éditions POLE, Paris, 2019.

Mathématiques et imagerie, BIB 77, Éditions POLE, Paris, 2022.

Romans publiés dans la saga « Bob Morane »
Édition ANANKÉ, Bruxelles

La cinquième dimension, BM 275, HC 63, 2018.

Les gardiens d'Ishango, BM 281, GF 65, 2019.

Le druide du Val des Nymphes, BM 289, HC 73, 2019.

Chairs de poules, BM 295, GF 74, 2020.

L'ombre du passé, BM 299, HC 79, 2020.

Coqs en stocks, BM 305, GF 92, 2021.

Les héritiers des pharaons noirs, BM 306, HC 84, 2021.

Opération chaos, BM 308, GF 94, 2022.

La résurrection de Kulshedra, BM 312, GF 98, 2022.

La guerre du carbone, BM 313, GF 100, 2023.

Cauchemar pour l'Ombre Jaune, BM 315, GF 105 , 2023.

S.A.L.A., BM 317, GF 106, 2024.

DANIEL JUSTENS

Agrégé en mathématiques, actuaire et docteur en gestion, Daniel Justens a été enseignant-chercheur à la Haute École Francisco Ferrer de Bruxelles et à l'Université de Liège. Parallèlement à la publication d'ouvrages de référence dans ses domaines de recherche, il a également consacré une grande partie de ses activités à la didactique des mathématiques. Amateur de bandes dessinées, il est l'auteur de plusieurs études consacrées au monde de Tintin et a collaboré avec Philippe Geluck pour produire *La mathématique du chat*. Il est l'auteur d'une douzaine de romans appartenant à la saga « Bob Morane ».

Maquette : Philippe Ghielmetti & Delphine Ribeyre
Dépôt légal : avril 2024 – D. 2024/0089/140
ISBN 979-1-0347-7026-7

Éditions Dupuis s.a, rue Destrée 52, 6001 Marcinelle, Belgique.
Imprimé par PPO, rue de la Croix Martre 10, 91120 Palaiseau, France.
Achevé d'imprimer en mars 2024.
www.dupuis.com

PEFC
10-31-1800
Certifié PEFC
Ce produit est issu de forêts gérées durablement et de sources contrôlées
www.pefc-france.org